數據紅利

看77個品牌，如何在巨變下找到藍海

企 業 經 營 者 ‧ 數 位 行 銷 人 ‧ 成 長 駭 客 必 讀 ！

從10億筆數據，精萃出成長之道
SoWork摘星行銷顧問首席增長官‧前奧美互動行銷副總

CJ 王俊人——著

CONTENTS
目錄

推薦序 （依姓氏筆畫排列）

人口紅利早已遠去，這是一個數據紅利來臨的時代。

CJ（王俊人在奧美廣受歡迎的稱呼）出版了第二本書。從《數據為王》到《數據紅利》，他對數據在行銷上的運用再上一階，已經從掌握商機走進精準獲利。這不僅是他個人的成就，更是企業經營者期待的佳音。

從奧美時期起，公司一再派給他的任務，就是運用最新科技發展，去協助客戶解決最關心，也最困難的問題。如今他鑽研有成，自行創業後，仍然以此做為公司願景，並取得意想不到的卓越成績。以他過去投入的努力和如今長成的實力，得出這樣的結果又可說是在意料之內。

面對瞬息萬變的經營環境，行銷工作者始終面對「成長」的永恆挑戰。要找出未來成長何在，早已超越依靠直覺或經驗判斷的階段，而必須從大數量？多面向的市場數據中，分析出適合自身特質的產品機會。然而成長並不是企業追求的最終目標，獲利才是。本書用了四章篇幅，詳述如何運用數據，從點點滴滴的紅利累積中，創造出企業最終的獲利。書中所述六種定價方式，四個尋找新市場角度，並三個數據分析的關鍵，均有可觀之處，值得詳細閱讀。

時至今日，當年奧美所追求的精準行銷，又來到了 AI 人工智能的時代。針對這一特性，CJ 給出的建議獨具洞察。他說：「在

ChatGPT 的應用基礎上 ......，未來市場分析所需考慮的，絕不是要獲得最精準的數據，而是要獲得足夠精準且快速的分析建議。數據是基本功，能運用科技加快分析數據，並提供企業決策的實質建議，才是真正能讓市場數據為決策者所用的關鍵。」現今科技何止日新月異，未來世界將會如何發展，且讓 CJ 繼續用功，期待他在下一本書中再為讀者們一窺究竟。

最後，SoWork 公司已經進軍國際，客戶範圍從台灣本地跨足亞洲、北美，所備數據庫涵蓋全球各地主要市場。CJ 本人的眼界與格局都在不斷擴大，華人世界實在需要這種能打硬仗的國際人才。藉著《數據紅利》的出版，也盼能為華人企業培養國際化實務人才，做出另一番貢獻。

前台灣奧美集團董事長 白崇亮

在快速變化的商業局勢中，數據的力量無可比擬。CJ 的新書《數據紅利》不僅為企業經營者揭示了如何透過數據洞察優化決策和提升盈利能力，也為經理人和數位行銷人士提供了實踐指南，從數據中發現機會、規避風險並實現業務增長。無論是在建立團隊、制定策略、品牌定價，還是優化行銷策略，本書都是不可多得的寶典。

城邦媒體集團首席執行長 何飛鵬

認識王俊人先生是在我聯聖企管舉辦的一場研討會。

平時我就是一個重視 BI 的人，無論是經營企業或輔導企業，我就常強調 Big Data 固然重要，但是沒有解析，就只是一堆大垃圾。在研討會中聽到王老師的精闢解析與各種案例與應用。讓我至為佩服，因為甚少人能將 BI 解析這麼透徹，同時還有各種的案例的說明註解，方便理解與學習。

今天知道王老師要出相關的書，當然樂於寫序推薦。我常強調好事與好經驗要分享，尤其是對經營有幫助的方法與工具。這是一本值得一再閱讀的好書與工具書，尤其列舉個案實證，更是不可多得。

RCSA 聯聖企管董事長 陳宗賢

跟 CJ 共事過的日子，我們經常在分析不同市場的數據，也一起探討如何靠數據，找到市場的成長機會。

CJ 的第一本書 - 數據為王，提供給數據分析的入門者一個詳盡的操作指南，而這本數據紅利，則是從全球許多知名的案例，帶大家了解大品牌是如何運用數據的，書中也非一味吹捧數據的，而是真真切切地告訴你，市場上的風浪怎麼樣透過數據來導航。他用的例子，有的時候讓人眉頭一皺，思考良久，有的時候又會讓人豁然開朗。特別是對跨國經營的團隊來說，透過數據了解不同地區用戶的需求和行為模式，這是做決策不可或缺的一環。

記得 CJ 曾經和我提過一個概念，就是「市場沒有毀滅，只是在洗牌」。這話對很多人來說，意義重大。疫情時期，很多人覺得市場會萎縮，但實際上，這只是一個重塑市場格局的機會。你要怎麼把握這個機會？答案就在數據裡。

每每在思考不同遊戲的亞太各市場成長策略時，我們也面臨過類似的挑戰。市場快速變化，用戶偏好多樣，市場戰略要如何具有全球統一性但又兼顧在地的風土民情呢？從這本書中可知道，有了數據，跨市場經營者，可以快速地評估各地的市場規模，精確定位，甚至預測未來的趨勢，確保資源能夠投入到最有潛力的市場和產品上。

CJ 書裡的案例和分析方法，很多都能直接應用到決策者的日常工作中。比如說，他提到如何透過數據分析來預測市場趨勢，這對多數的決策者來說，都提供很多思維，可讓讀者靜下心來，重新審思自己的布局。

變化快速的年代，數據分析，不再只給數據分析師看，我相信，任何想從市場數據中尋找成長機會的專業人士，都能從中獲益。

總之，如果你也在跨國經營的戰場上奮鬥，或者想要掌握如何通過數據驅動策略，這本書絕對值得一讀。就算不為了學習，看看 CJ 是怎麼用數據玩轉市場的故事，也挺過癮的。

Director of APAC Regional Marketing, Niantic, Inc.

Elaine Hui

老土地再用達爾文最著名的話：「生存下來的，不是最強壯的物種，也不是最聰明的，而是最能適應變化的。」

今天，很多的大公司都在認真地關注那些新興的創業公司，各部門也都在悄悄尋求變革。

彷彿大家都感覺到，不改變就會很快被淘汰。但究竟應該怎樣改變才是正確的呢？

感謝王俊人投入那麼多心血編寫這本新書，同上一本書一樣，知道他一定耗費了他大量的時間和精力。書中包含了他這些年來的經驗和智慧，深入淺出地分析了許多複雜的案例。

閱讀此書，可以讓我回顧已學的知識，並開闊眼界，看見新天地。

Regional Head of Digital Marketing of BNP Paribas Cardif

Sunny Lee

時時都需要一個成長計畫

巨變下的市場，新成立和收攤的企業數，都超越以往。總體來看，消費商機並沒有消失，只是去逛街的人，都改成網路購物，而且越買越失心瘋。買實體報紙的人，都改成看線上新聞，而且越看越久越傷眼。環境的巨變，加速財富重新分配，分配給準備好成長計畫的企業，你是那個準備好的人嗎？

巨變下的紅利

■ 熱情高漲與挑戰並存的創業趨勢

根據全球創業監測 在 2021 年針對近 15 萬個創業者搜集的結果顯示，2020 年疫情來襲後，50% 的創業者都同意生意已經越來越難做，也多數同意，必須要改變原先做生意的方式。這個數字，看似大家對創業的熱情遞減，也越來越保持觀望的心態，但在美國，2021 年收到的新公司申請數，就達到 540 萬件，成為歷史新高 (如序表 1)。

根據中華民國經濟部統計處的資料顯示。中華民國公司登記新設立家數，在 2021 年達到 47,421 家，創下近 15 年的新高，與此同時，公司解散、撤銷及廢止家數，則是來到 30,734 家，也是近 10 年的高水位。若我們同時比對國內生產毛額，會發現 2021 年的 GDP 已經來到新台幣 21 兆元，創下近 20 年新高。加總登記公司的總資本額，2021 年也是達到前所未有的高峰，幾乎所有的產業，都有更多的資金投注到公司。

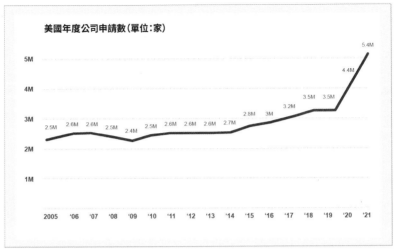

・序表1：美國近年新公司申請數
・資料來源：美國人口普查局

■ 市場重新洗牌，你抓到成長趨勢了嗎？

　　新成立的公司變多、解散的公司在高水平、整體生產毛額增加，顯示出市場正在大洗牌。在這段時間，整體市場並非停滯不前，而是因應用戶行為的巨大轉變，巨量地淘汰那些無法即時轉身的品牌，能抓住這個潮流的品牌，就能獲得巨變下的紅利。

　　以受到疫情影響最嚴重的旅遊業為例，根據觀光局台灣旅遊狀況調查的資料顯示（如序表2），中華民國旅遊業中，國外來台旅遊的收入，在 2019 年，還有達到新台幣 4,456 億的水準，但遭受疫情嚴重影響的 2020 年，整體收入縮減至原先的 12%，來

到新台幣 539 億元；同時間，國內旅遊的總收入，從 2019 年的新台幣 3,927 億，縮減至 2020 年的新台幣 3,487 億元，縮減幅度來到 11.2%。

於此同時，民宿業者的總數量，從 2019 年的 9,137 家，到 2020 年則達到 9,686 家，到了 2022 年 12 月，甚至突破 10,000 家關卡，來到 11,464 家民宿業者。

旅遊並沒有消失，只是換個型態。

國際觀光客無法來台時，對整體觀光業來講，當然是損失慘重，但與此同時，也讓原本的出國客，變成新型態的國內旅遊客，這個族群，也就是巨變下的紅利——新市場區隔。

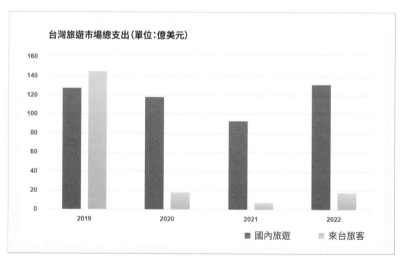

- 序表2：疫情對觀光收入的影響
- 資料來源：觀光局台灣旅遊狀況調查

對於來不及應變的旅遊業者，或許就只想等到春暖花開國境開放之日，再好好做生意。撐不下的業者，只能及早打烊止損。而有些人反應快速，可以及時調整，就能搶到這群國外轉國內的旅客，當 2022 年疫情舒緩時，趕緊推出成長方案，抓住巨變下的商機。

■ 請記得，你一定會遇到不景氣

經營企業，不可能總遇到景氣上揚，也不可能會有市場不變的時刻。我們以為自己已經在最變動的年代，回想當初電視剛普及時，電視廣告也有一段變動的年代。當福特推出 T 型車時，坐馬車的人也不知該如何是好。臉書、IG、抖音的出現，不過是長久歷史的規律變化而已。我們或許覺得 Covid-19 疫情影響很大了，但在當時的 SARS 時，也是社會人心惶惶。當初經濟大蕭條時，很多學者也覺得這個世界完蛋了。重點是，你有沒有一個成長計畫，可以幫你找到巨變下的紅利，你有沒有一個應變計畫，可以協助你適應新的市場。

策劃成長計畫的時機點

◾ 外在環境影響業績

從我在奧美時期服務跨國品牌，到 SoWork 時期所服務的中小型品牌，不同類型的組織，作為品牌操盤者的品牌經驗來看，市場的巨變，只是啟動成長計畫的其中一個驅動力，驅動品牌開始策劃成長計畫的時機，大致有以下兩種。

當金融海嘯、新冠疫情、開放陸客或是通貨膨脹時，總體環境必定在一個動盪的階段，人們的消費行為也會跟著變動，光靠過往的經驗已無法判斷市場走向，這也是許多品牌會被迫擬定成長計畫的時候。

在新冠疫情影響台灣的這段時間，公益團體首當其衝，許多公益團體不理解這世界發生什麼事情，但實際上能看到的，就是捐款收入減少了。

根據 SoWork 的研究發現，就全球市場而言，在疫情這段時

間，不捐款的人變多了，但全球的捐款總額增加許多，其主因在於忠實的捐款者，願意增加單筆捐款金額。就整體數據而言，似乎每個公益團體都應該很開心才對，但實則不然，將數據細分到捐款的類別，會發現多數捐款都是以醫療為主，並非原先的公益團體。

若類似的數據，應用在台灣，會有什麼發現呢？

台灣其實也遭遇同樣的狀況。多數捐款，也是流向醫療性質的公益項目；同一時間，固定捐款者從 129,000 人減少到 112,000 人，不捐款的人口數，從 500 萬人微幅降低到 490 萬人。台灣人整體的價值觀在同一時期也發生巨幅的變化。2019 年的數據顯示，台灣的主流價值觀是「平權主義」，到了 2021 年開始，就轉變成「財務安全」，這也能解釋，為何捐款金額的下降。

但身為公益團體，仍然需要有固定的收入，接下來，就要透過數據，了解用戶輪廓的變化。在將近 20 個研究指標當中，我們發現，過往用戶追蹤的社群帳號，多半都是樂團、歌手和電視頻道，當疫情正嚴重的時候，那些有偶爾捐款的台灣人，多數人追蹤的社群帳號，轉變成餐廳和主廚。

就接觸點而言，公益團體在此時，或許可嘗試與時下流行的餐廳、主廚合作，傳達捐款的訊息，並同步減少過去與名人歌星的合作，或許，就更能符合消費者行為的轉變，減緩捐款金額減少的衝擊。

這些外在驅動力，往往也是逼著企業成長的重要因素，從必須來公司上班，到居家工作，從必須到學校學習，變成線上學習，

當外在環境巨幅改變時，為了生存，人們被迫改變，讓社會產生一種新平衡。

內在驅動找成長動力

隨著企業規模的成長，多數都會遇到成長停滯期，當年度業績成長率從雙位數降低成個位數時，你就會開始擔心了。當聽到同業的利潤率比自己高的時候，你也會開始擔心。當看到真的很厲害的指標企業時，你也會默默想要跟他們一樣。通常，企業開始會想轉型，不外乎以下四個情境：

代工轉品牌

長期做代工，雖然不用直接承擔市場推廣的不確定性，可以有相較穩定的金流，但做久了，看到某一兩個客戶生活越過越好，難免會有品牌夢，但多數品牌主，習慣這種 B2B 的商業模式後，雖然可以打造出與市場相同品質且更為划算的產品，也可針對市場現有產品，做出很大程度的優化，但通常不知道行銷預算究竟該怎麼配置，才能達到預期的成長？所謂行銷，就是在臉書打打廣告，找幾個網紅代言嗎？產品這麼好，應該放著就會賣吧！這些品牌主，雖然想嘗試打造品牌，但又對行銷不熟悉，於是，就建議要透過數據，好好策劃市場佈局，而非道聽途說的景氣傳言。

二代接班

　　傳統企業的第一代，許多是靠著實打實的產品力，成就了第一代的企業。基於不錯的經濟基礎下，會投資第二代到其他國家就學或就業。當學習的視野，從台灣換成世界各地時，就更容易看到各地成功品牌案例，返回家族工作時，不免會對現有的生意模式，產出更多的想法。很多人會覺得是第二代想證明自己，但在我看來，更多是受到不同環境刺激後，躍躍欲試的心情。我常常也覺得，只要我們把自己關在井裡面，一輩子不探頭看看外面的世界，就能滿足於現況。而當你探出頭來，會發現原來這個世界，還有這麼多厲害的前輩，也因此更感於自己的不足。而每次突破一個障礙後，就會發現其實自己還深陷在另一個井當中，再探頭一望，深深感嘆，原來外面還有一片更厲害的世界。在此動機下，二代在初掌企業時，總會有一番想要突破現有市場的熱情。這時，也需要更多數據，作為第一代與第二代的溝通基礎。

行銷成效遞減中

　　企業成長初期若發展得好，每年的營業額，或許都是兩位數的成長，但經過一段時間，成長的數字變成個位數，這時，就會發現，過往過慣的好日子，似乎要做點改變。若是安穩的心態，就是讓自己習慣於安逸的生意，而不追求成長所帶來的果實。但多數的品牌，都會不習慣於日漸減少的成長率。這時，就會想要透過品牌再造或是市場研究，了解該如何為自己重回二位數的成長力道。

發展新產品

　　當企業內部，想推出新產品時，也是定義成長計畫的時機點，會需要重新理解新產品所開發的新功能，是否能為企業開拓更多的商機，而在推廣新產品時，通常都需對於新的用戶、新的價位和訴求，進行一個全面性的了解，並且訂定逐步推廣新產品的計畫。藉此，更可理解應該透過哪些管道，經營新客，哪些管道，又是在維持既有客群。

　　市場變化很多，生意很難完全按照自己的想法走，在我自己創業過程當中，每個階段都冒出了很多成長的想法，經過快速的測試和學習，也讓我在下一個階段有成長的機會。

　　時時要有成長計畫，並不是要你當下採取行動，立刻成長，而是當市場變動的條件，符合你的成長計畫時，你能比競爭對手更快速的採取行動。只做國外觀光客的旅行業，需有個做國旅的成長計畫。只賣給家庭主婦的炒菜鍋，要有個讓單身族也買單的成長計畫。只做內銷的農產品，要有個外銷特定國家的成長計畫。只靠本薪賺錢的上班族，要有個靠被動收入維生的成長計畫。

　　每個人，都要準備好自己的成長計畫，在SoWork每年製作800份報告的經驗中發現，市場數據協助，就能相當科學化地擬定好成長計畫。本書將以四個章節，分別說明如何透過市場數據，找到成長方向。

Note

別人怎麼跌倒，
我們就怎麼避坑

賓士用 6 億歐元，學到要及早佈局，宜家家居用 12 年的時間，知道不能陶醉在既有商業模式。品牌要能基業長青，肯定是懂得從失敗中記取教訓、及早應變，才能撐過每一個時代所帶來的挑戰。在發展自己的成長計畫時，吸取前人教訓，是很重要的學習過程。本章將從失敗經驗、行銷思維到多市場管理優化架構，帶你從案例中學習成長計畫。

主動創新贏市場

▪ 忽略新市場的代價

　　根據 Gartner 市調公司在 2022 年針對行銷長的調查顯示，2021 年的行銷預算平均佔公司總營收的 9.5%，而行銷預算中，客群研究、市場研究和行銷洞察的經費，則各佔 9%。從整體市場而言，全球的市調市場一年產值約在美金 763 億元，主要市場為美國和英國，當我們稱羨美、英等國的跨國集團營業規模和超額利潤時，不能只看到最終的營業額成果，更應該關注他們對企劃的投入，市場研究對於企業的重要性不可忽視。透過市場研究，可以獲得有價值的洞察和資訊，幫助你做出明智的企業決策，提高市場競爭力。

成長不靠迷航記

　　假設你遇到一個朋友，想要出海航行前往陌生的國度，臨行前與你聚餐，他說：我從台北港出發，航行到東京港已經很多次，

閉著眼睛都知道怎麼走。這次，要前往澳洲，根據過去經驗，只要一直往南開就可以抵達澳洲。根據航行台日之間數十年的豐厚經驗，航行到澳洲應該也差不多，靠直覺就好，不需要導航、指南針還有路線規劃圖。

這時候，你會鼓勵他直接出發嗎？

基於以下考量，我猜你會勸他三思。

過去經驗不代表能涵蓋全新市場

雖然他在台灣和日本之間的航行有豐富的經驗，但前往澳洲是一個全新的航行目的地，會面臨不同的挑戰和風險。

路徑不同，需準備不同資源

澳洲位於台灣和日本的南方，距離較遠，可能需要更長的航行時間和更多的資源。航行路線、氣候和海洋條件也可能與台灣和日本不同，需要特別留意。

風險評估，需納入在地考量

澳洲可能有不同的法律、規定和文化，對船隻和航行者有特定的要求和限制，未經適當的研究和了解，可能會面臨法律風險或不便。

有備無患，不要鐵齒

即使有過往的航行經驗，也不能忽視導航和航海規劃的重要性。導航工具如指南針、GPS 和航海圖可以提供寶貴的資訊，幫助航行者確保航行安全並找到最佳路線。

因此，不論是建議一個要航向澳洲的朋友，或是面對一個正打算前進新市場的品牌，我都會強烈建議他，做好基本準備再出

發。

　　許多品牌在開拓新市場時，都發現過小的預算，是無法驗證產品的成功與否，因知名度不夠大的時候，無法吸引到足夠的人購買商品，所獲得的銷售和產品反饋，也不足以證實產品的對錯。因此，跨國性品牌，都會投注許多資源在企劃未來，在確定某些商品可以獲得足夠資源的同時，也確定要犧牲哪些商品的資源。每到年底時，品牌會對不同代理商進行明年度新產品的計畫說明，讓代理商有更充分的時間規劃應投入的預算和推廣方式。一份被討論過的商業和推廣計畫，絕對是增加成功機率的最佳起點。

　　許多實體店面或純電商網站，礙於缺乏資源和企劃，常會發生開了很多戰線，但不確定該將重點放在哪條戰線的窘境。像是點心餅乾的業者，因偶爾有日本或香港客人來訪，不僅會在官網增加日文或是粵語介面，也會同步提供信用卡支付和海外運費計算公式。當原有市場的訂單穩固時，品牌主通常都不太重視這些私訊和訂單，當原有市場的成長速度趨緩時，這些小訂單就會變成成長的曙光，品牌主這時就會想小批量地對當地市場臉書廣告投資。經過一段時間的嘗試，大多數在缺乏企劃的情況下，不但成果不佳，且也不確定是否要放棄投放？時間越久，戰線越開越多，資源就越來越難分配。

　　台灣本土品牌─洪瑞珍三明治，是一個很好的例子。進軍韓國時，洪瑞珍三明治透過當地專業的代理商，在韓國重新包裝品牌形象，並調整行銷手法，使其在韓國市場呈現與台灣不同的風

格，符合韓國當地的消費者口味和偏好。這種在地化的佈局和品牌形象再造，使洪瑞珍三明治在韓國市場取得了成功，並創造了可觀的銷售量，這也顯示在進軍國外市場時，了解當地文化和消費者需求的重要性。

許多例子都說明，品牌在進軍國外市場時，只想輕量地依賴網購和少量廣告投資，不一定是最有效的方法。了解當地市場的消費者需求、文化差異和競爭環境，並與當地專業代理商合作，進行定位和行銷策略的重新包裝，才更有機會在新市場取得更好的效果。在既有市場成長趨緩時，這樣的品牌形象再造和在地化佈局，可以成為品牌的曙光，帶來新的機會和增長。不要以為只有小品牌才會犯錯，國際品牌賓士和宜家家居也曾因過往的成功經驗，而忽略新市場成長計畫的重要性，最後付出的慘痛代價。

賓士 6 億之痛

2009 年，對於百年品牌—梅賽德斯·賓士（以下簡稱賓士）是很慘痛的一年。賓士的母集團—戴姆勒集團，從 2005 年看到 2007 年，整體業績穩定成長。集團在 2007 年，總業績逼近 1,000 億歐元，賓士汽車貢獻度約莫一半，當所有人專注在達成 1,000 億歐元的業績時，不到兩年的時間就風雲變色。（如圖 1.1）

翻閱 2009 年的財務報表時可清楚看到，戴姆勒集團虧損 16 億歐元，其中 6 億歐元的虧損，是來自賓士。可畏的競爭者—寶馬集團（BMW），當年卻有 4 億歐元的稅前盈餘，BMW X1 甫登場就交出將近 9,000 台的銷量，頂著逆勢的金融海嘯，BMW 1

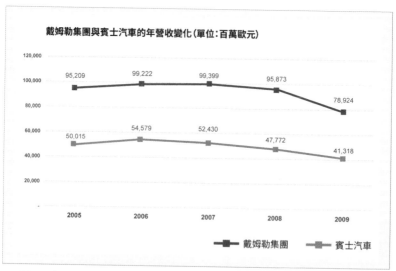

戴姆勒集團與賓士汽車的年營收變化(單位:百萬歐元)

・圖1.1:戴姆勒集團與賓士汽車的年營收
・資料來源:戴姆勒集團財報

系列車款銷售量只微幅下跌了 3.6%。另一個對手奧迪（AUDI）集團，靠著設計感、運動造型和完整的產品線突破重圍，總銷量達到 93 萬台，整體業績雖然下滑了約莫 10%，但其中符合新世代需求的車款，包括 A1、A5 Sportback、A5 Cabriolet 和 Q5 等的年銷售量，都較前一年度達到 5 倍以上的成長，EBIT 更來到 19 億歐元。這樣的競爭，身為領先品牌的賓士，看看市場的競爭者財報，再看看自己的財報，肯定要趕緊拿出成長方案[1]。

回顧當時的情況，主攻嬰兒潮的賓士，一直到 2009 年以前，都還是專注於奢侈車市場，2006 年，賓士的銷售來自於 C、E 和 S Class 等較為昂貴的車款，多數的資源，也投注在既有車款的升

級。到了 2008 年，依舊深耕嬰兒潮世代的奢侈車市場。該集團針對新世代年輕人所開發的車款，就以 Smart 最有名，雖然當時 Smart 一年只帶來 13 萬台銷量，在集團內一直被視為最閃亮的明日之星，而後來帶動賓士整體業績新世代車款（A/B Class），在 2009 年雖然有 21.5 萬台，卻鮮少被投注關注的眼光 [2]。

在市場一片看好的情況時，維持既有策略或許不成問題，賓士在 2007 年，仍保有 47 億歐元的稅前盈餘，到了金融海嘯最嚴重的 2008 年時，立刻減半，只達成 21 億歐元的稅前盈餘。2009年，整個市場進行一場大型的財富重分配，賓士看來沒有準備好，當年銷售量減少了 17.6 萬台，減幅高達 14%，虧損高達 6 億歐元，是近五年虧損最高。針對較平價的市場，當 Audi 該級距的車款正享受數倍的成長時，賓士還來不及轉身，處於邊陲地帶的 A/B Class 的車款，不但沒有成長，反而一路從 2006 年的年銷售量 29 萬台，減少到 2009 年的 21 萬台銷售量。這堂 6 億歐元的課，也驅動賓士形塑其著名的 2020 成長策略藍圖 (Mercedes-Benz 2020)，該戰略重點在憑藉最強大的品牌和最優秀的產品，拓展其領導地位，目標在 2020 年之前，達成高端銷售市場第一的領先地位。

提到當時的整體策略時，時任賓士美國區行銷長 Bernie Glaser 受訪時表示：「賓士現有車主是由嬰兒潮世代所組成，但 Y 世代會是下一波的買車主力，如果我們想要贏得未來的成長機

---

1 資料來源：戴姆勒集團 2009年財報、BMW 2009年財報、奧迪集團2009年財報
2 資料來源：戴姆勒集團2006/2008/2009年財報

數據紅利

會，我們必須要有 Y 世代的策略，而 2014 年的 GLA，就是成長關鍵」。

因此，賓士為了推出符合 Y 世代預算但又保有奢侈感的車款時，就其主要市場的終端定價、用戶喜好、產品設計和生產流程都做過相當縝密的計畫。從降低成本的層面來看，2008 年，賓士決定拓點至匈牙利，除了在此廠專門生產新世代車款，最大的目的就是為了降低生產成本。2012 年，當匈牙利工廠落成時，時任賓士汽車總裁的蔡徹博士（Dr. Dieter Zetshe）表示：「賓士持續地執行自己的成長策略，過去，我們只是追求品牌形象、產品形象和利潤的領先，但現在，銷售量是我們第四個目標。為了達成這個目標，我們需要將車主拓展到年輕族群，新世代車款將會扮演舉足輕重的角色。根據市場調研，全球在 2020 年的汽車銷售量，將從 2011 年的 6,000 萬台，達成 1 億台汽車的指標，而賓士瞄準的市場，將是成長力道最快速的中國、美國和印度。為了達成 2020 的願景，賓士預計在 2014 年達到年度 150 萬台的銷售量，2015 年則是超越 160 萬台車。而這個匈牙利的 B-Class 生產線，將會是讓賓士達成銷售量目標的重要環節。」

許多歷史悠久的品牌，都面臨跟賓士一樣的問題：用戶老化且年輕品牌來勢洶洶。從以上公開演講中可看出，為了要讓賓士也成為年輕人嚮往的品牌，賓士先規劃好更具吸引力的年輕消費者車款，包括電動車和新世代車款 (NGCC)，同時，也透過創新和數位化來提升品牌的競爭力，以吸引年輕一代消費者，更進一步，與年輕跨界品牌建立合作關係，讓年輕人在仰望其他跨界品

牌時，也同時關注著賓士。這一步步的操作，逐步建立起賓士與年輕消費者的聯繫，並重新激發對品牌的興趣和忠誠度。

在清晰的企劃基礎上，讓全球的賓士團隊都具備一樣的共識，新世代車款才能在後期獲得更多的資源，這樣的轉變，也為賓士帶來豐厚的成果。雖然 2010 年度 A/B-Class 車款的銷量相較於 2009 年而言，只成長了 3%，但在 2011 年 11 月的 B-Class 上市，以及 2012 年 9 月的全新 A-Class 推波助瀾下，賓士的銷售量在 2011 年創下當時歷史新高的紀錄，2012 年的整體營業額成長了 7%。經過多年的產品調整、成本降低和行銷轉變，從賓士 2017 年的財報來看，賓士整年度的營收為 946 億歐元，稅前盈餘為 92 億歐元，共銷售 237 萬台車。而 BMW 車系該年的總銷售數量為 208 萬台，Audi 車系則為 187 萬台車。在競爭激烈的車市，能帶動百年企業持續擁有 8% 以上的成長，並維持銷售量龍頭的地位，有賴於當初縝密的成長計畫和執行能力。

宜家家居慘敗的教訓

當事業經營一定規模時，通常是透過初期打拚的基礎，建立一套慣性的營運方式，成就一個生意模式，當這個模式運行順利時，企業主能持續創造企業的增長或維持生意的穩定，但往往也是這種慣性，會使得品牌在進軍不同市場時，忘了重新研究當地市場，擬定在地化的成長計畫。

宜家家居（IKEA）身為全球領先的傢俱品牌，創業的這一路，也是幾經波折，1943 年，坎普拉創立宜家家居時，是一家什

數據紅利

麼都有的郵購雜誌，1950 年起，才開始販售本地製造商推出的傢俱，原本以為生意模式就這樣穩定了，到 1955 年，製造商開始抵制宜家家居，抗議坎普拉德的低價策略，他才被迫要設計自有品牌的傢俱，也從那時候創建自有工廠，開啟以平整式包裝傢俱的營運銷售模式。營運的基本理念到現在都沒改變，就是要提供簡單、負擔得起的平整式傢俱，打破設計是富裕階層的專利，將價格低廉但造型精美、質量好的傢俱，帶入市井小民的家中。

宜家家居的產品開發策略，定價是優先於全部設計與生產流程的，在生產邏輯中，限定的價格有兩個好處，一方面是明確產品的最終定位，另一方面，是能將生產流程優化。而產品功能方向的確定與價格的制定，則服從於市場調研。

為追求成本優化，宜家家居會開放全球尋找合適的生產商，利用內部競爭方式挑選設計師或跟全球獨立設計師合作，同時確保產品的設計風格和品質標準符合公司的要求和產品矩陣。此外，宜家家居還會與供應商建立長期的合作關係，進行技術交流和合作開發，以進一步提高生產效率和品質。這樣的全球化生產模式，使宜家家居能夠在全球市場上保持競爭優勢，同時能夠為消費者提供價格實惠且設計精美的產品。

細看宜家家居的產品開發策略、產品開發、運輸配送、倉儲管理以及店內體驗，都有嚴格的企劃規範和過程審核，以確保品牌風格和體驗的統一性。從圖 1.2 可看到，宜家家居的產品設計分為三個維度，分別是產品風格、產品定價與產品品類／系列。每項產品，都必須從這三個維度中，確認自己的定位，才能在集

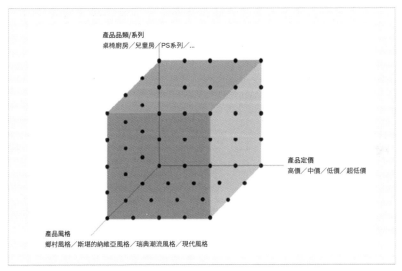

· 圖1.2：宜家家居的產品開發矩陣
· 資料來源：2018年全球家居行業龍頭企業宜家運營結構及管理組織架構
  產品能力強 供應鏈控制完美（圖）_觀研報告網 (chinabaogao.com)

團中得到繼續開發的資源。顧客進店的動線規劃，也有具體的優化思維（如圖 1.3）。在整體縝密的企劃規範和優化方式下，使得不同國家民情的消費者，在宜家家居逛店時都能感受到品牌的統一風格和體驗，從而建立了一個年營業額高達 291 億歐元的成功事業體[1]。這也表明了宜家家居成功的一個重要因素，是嚴格的管理和營運策略，以及對品牌形象和體驗的高度關注和投資。

1 資料來源：IKEA官網，https://www.inter.ikea.com/en/performance/fy23-financial-results

數據紅利

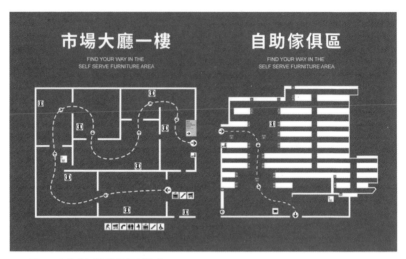

- 圖1.3：宜家家居的動線規劃範本
- 資料來源：IKEA the Light | Shouts from the Abyss (wordpress.com)

　　誰能想到，無往不利的宜家家居，進軍日本時，卻慘遭滑鐵盧呢？在宜家家居發展史當中，最著名的失敗，應該就是從 1974 年到 1986 年之間，在日本的心酸 12 年。

　　1970 年代，宜家家居開始國際化的步伐，正式跨足到歐洲的不同市場。1974 年，宜家家居挾帶著歐洲成功的驕傲出征亞洲，當年選擇了日本、香港和新加坡為亞洲的首航點。宜家家居，打算運用在歐洲的成功經驗策略打下亞洲市場，於是，在進攻日本市場時，幾乎是將歐洲的全套模式複製到日本市場，唯一不同的，只有店面的面積。根據他們當時的研究，認為在日本，較小的店面會有舒適感，所以，他們就把原尺寸的瑞典傢俱，原封不動地移植到面積較小的日本宜家家居。

當時的他們，才剛成功打下丹麥和德國市場，並不覺得將全套複製到日本，會出現什麼問題。但他們忽略了，就文化和生活方式而言，丹麥、德國都跟瑞典都比較相近。這套方式到了日本，完全是另一件事情。

當時的宜家家居，至少有三件事情是做錯了。

失誤①：帶著成功傲慢的態度到新市場

宜家家居考慮到日本的店面空間小，卻忽略了日本家庭的面積也很小，將北歐尺寸的傢俱要裝在日本的小公寓中，簡直就是困難重重，運輸過程會遇到的問題不同、在家裡可供給新傢俱組裝的空間不同、擺在家裡與其它傢俱的尺寸比例也不同。就算遇到很多問題，但當時成功的宜家家居，卻堅持不更改尺寸。

失誤②：自付運費且費時費工的 DIY

宜家家居的傢俱，就是需要自行組裝，而在組裝的過程中出點差錯，或許會創造出額外的生活樂趣，但以上的想法，只存在於之前成功經驗的歐洲國家。在日本的文化中，是相當以客為尊，不要勞動到客戶為最高準則。當在相同的價格區間中，它牌的沙發是組裝好送到你家，而宜家家居的沙發卻要自己組裝並且再自己花錢運送回家，再有吸引力的產品，也瞬間冷感。

失誤③：品質和價格的考量

在日本的文化中，人們通常更加重視產品的品質和耐用性，傾向於選擇可以長期使用的產品，並且對於物品的保養也非常講究，對於大型傢俱更是認定為合理的長期投資。日本人會更傾向於選擇品質更好、耐用性更高的產品，而不是追求更多變的設計

或者更低價格的傢俱。

當然，這並不是說日本人對於設計或者價格不重視，只是選擇產品時，品質和耐用性通常會是更重要的考慮因素。如果宜家家居希望在日本市場上獲得成功，他們可能需要調整經營策略，提供更符合日本消費者需求的產品和服務。

基於以上三點原因，宜家家居在日本一錯就錯了 12 年，最終在 1986 年暫別日本。

一直到 2000 年，宜家家居才重新進軍日本，與上次不同的，是這次做了 5 年的日本市場研究，才敢於 2006 年再度進軍日本，以確保能提供符合在地市場需求的體驗，他們不僅推出日本限定的小尺寸傢俱、也提供傢俱運送服務，甚至花更多心力在教育 DIY 的觀念。記取了慘痛教訓，當宜家家居要進軍韓國時，至少做了 900 個消費者訪談，確保自己有能適應在地的文化的能力 [1]。

時至今日，宜家家居也更理解，相同的素材，在不同國家也必須做出在地化的調整。就算是宜家家居的型錄，在英國和阿拉伯國家，也會做出不同的調整。（如圖 1.4）

無論是宜家家居或是賓士的案例，都足以證明，要進攻新市場前，事先研究企劃期有多重要，比起魯莽地浪費了 12 年的資源，不如好好紮實做 5 年的研究，才能減少自己在新市場的失敗率。這些前期研究中，究竟包括哪些項目，我可從過去 12 年服務跨國企業的經驗中，與你們分享彼此的共同點。

---

1 文章參考：https://www.smejapan.com/business-news/story-ikea-japan/

| 英國版本：包含女生 | 沙烏地阿拉伯版本：只有男生 |

- 圖1.4 在地性調整海報
- 資料來源：Academia

■ 配置好成長預算

在奧美期間，我會積極地從內部知識分享平台，觀看國內外跨國品牌的成長行銷計畫，其中包括 IBM、賓士、宜家家居、雀巢等知名品牌。在我至少看了 1,260 個企劃提案後，我發現跨足新市場的成長計畫，就推廣行銷層面，至少需配置以下的工作項目。

市場調查費用

就是本章節提到的企劃期內容，是指透過獨立第三方的研

究，理解新市場規模、產品定價、產品訴求點、測試方法等。

例如雀巢咖啡 (Nescafé) 每次在推出新口味時，會經過市場調查，了解不同市場的需求。網飛 (Netflix) 推出新劇時，也透過大數據系統，了解選角、劇本和剪輯的方向。

策略發展費

新市場進攻的可能策略，對於企業在新市場進攻時可以提供一個很好的思路。多條策略路徑的探索和實驗，有助於發現更符合當地市場的策略方案，從而提高企業進攻新市場的成功率。

例如王老吉的在初步的發展中，就曾思考過招商、超市通路還有小店面寄賣等不同模式，多個策略同時落地執行，經過一番測試，最終選擇小店面小規模的銷售模式，但因為本身沒有名氣，當時只有火鍋店願意接受王老吉初始的條件，在沒有退路時，逼得王老吉搭配火鍋店的訴求，想出「怕上火，喝王老吉」的產品訴求，結果爆紅。

品牌形象設計

正確的品牌形象設計可以幫助消費者快速辨識你的品牌，增加品牌的識別度和記憶點，進而提高品牌忠誠度和購買轉換率。品牌形象不僅包括標誌、商標和視覺形象，還包括品牌口感、聲音和行為等元素。企業應該在品牌形象設計中，將這些元素統一起來，使其獨特而又一致，讓消費者能夠快速識別和記憶品牌形象。

根據《快思慢想》一書的理論，當識別你的品牌這件事，需

要消費者消耗更多的腦力能量，而這件事情，對他又非必要，就會下意識地選擇放棄識別。當你有策略定調後，請確保品牌形象的設計，能讓消費者清楚辨識，並具備一致性。這不是大公司才需要做的事情，這是任何一個想要彰顯品牌力的人，都該做的事。

例如，愛迪達 (Adidas) 在推出不同系列產品時，是有其不同的標誌規範，其規範包括間距、留白、店面招牌、可搭配顏色，都有一套標準。而三葉草的標誌，本身也都有一定的識別系統規範，才能確保消費者不管到哪，都能傳達愛迪達統一的品牌形象。

產品定位設計

相同產品在進軍不同市場時，在既定的品牌識別規範下，如何兼具品牌識別度又能彰顯產品的特性，甚至，有可能會因為不同市場可負擔的價格較高，而依照新市場需求，優化既有產品，推出全新系列。

例如，舒潔身為衛生紙界的領導品牌，一向就以擴大品類需求為指導原則，當發現市場有越來越多人，認為自己肌膚敏感，市面上的衛生紙都太粗糙的時候，他們推出更高單價的「頂級三層舒適抽取衛生紙」。當市場上有更多進階需求時，再推出「喀什米爾四層抽取衛生紙」。不同衛生紙，有其明確的訴求對象和產品定位。總之，產品定位及包裝設計時，要考慮品牌的核心價值、市場特性和消費者的需求，以及適當的視覺元素和產品說明，才能在維持品牌識別度的同時，彰顯產品的特性和區分不同的產品線。

重整門面

策略定位底定，品牌與產品視覺也底定，就需要考慮，是要用既有平台擴大溝通新市場，還是要針對新市場開設新平台。這除了感性的溝通調性考量外，還需有理性的成本考量。

例如：飛利浦 (Philips) 旗下有刮鬍刀、電動牙刷、氣炸鍋、萬用鍋和美容儀器等產品，在統一的官網上，可看到飛利浦完整的產品線，但在社群媒體剛竄升起來時，飛利浦 (Philips) 是用 Philips men、Philips beauty 等不同的粉絲團，面對不同族群，各個粉絲團的調性、簡介和發文內容都相當不同。後來考量到不同平台的營運成本累加、管理複雜度增加等問題，在前幾年，也整併在同一個粉絲團名下，後因商業營運考量，又有進行不同產品線的拆分，但仍然以集中資源為主。

推廣行銷

足量的行銷推廣預算，是推進新市場的計畫中，最容易被忽略的一環。有一種思考點，是從群聚效應（Critical Mass）的角度推估預算，當新市場的總人口數為 500 萬時，計算能達到群聚效應的人口數，估算要觸及該人口數的媒體預算和內容創造費用。另一種思考點，則是投資報酬率的倒推，假設公司業績目標為 1,000 萬，經過財務計算，該產品為了要達到目標利潤率，扣除生產成本和費用後，媒體投放的投報率（ROI）需維持在 4 倍，才能不虧錢，那就至少要準備 250 萬的推廣預算。此推廣預算可包括聯盟獎金、媒體廣告和內容經營等。有個迷思要注意，不要一

味的追求投報率的高，為了經營品牌，你可能會犧牲掉部分直接銷售的力道，或需要投資在某些實驗性族群，而降低了投報率，但你自己的利潤率，才是最重要的。

例如：從群聚效益的角度估算，經過多年測試，過往 H&M 在投放臉書廣告時，已經設定每篇預算至少要高於新台幣 5 萬元，才會對門市和電商銷售起到作用，這也成為一個估算推廣行銷預算時的重要參考值。

■ 從市場智慧中汲取成功之道

或許，你不用像賓士一樣，需要用 6 億歐元換取一堂課；也不需像宜家家居一樣，花了 12 年才知道不能堅持原有成功模式。陶醉在過去成功、卻險些被擊垮的品牌故事，市場上比比皆是，IBM 前主席路・葛斯納（Louis V. Gerstner）撰寫的《誰說大象不會跳舞》一書，撰寫了帶領 IBM 跳脫框架的提前佈局，克雷頓・克里斯汀生（Clayton M. Christensen）所著作的《創新的兩難》一書，用硬碟產業的創新與守舊案例，陳述過度專注於客戶需求的企業無法開發新市場，也無法發展未來產品找到新客戶，這些企業在不知不覺中錯失了良機。布朗（Shona L. Brown）和艾森豪特（Kathleen M. Eisenhardt）的《邊緣競爭》一書，則一直提醒企業主，不該被動地回應改變，應主動出擊、率先變革，才能決定改變的步調，迫使他人追隨其後。

多數企業的財力也不如國際企業的雄厚，但透過市場情報，掌握新市場規模、產品定價、產品訴求點和小批量測試的方法，確保自己能逐步推進，才是踏實為企業帶來紅利的唯一途徑。

行銷思維變與不變

◼ 從媒體演進看行銷策略的變遷

新媒體，不是今天才有的，這世界，也不是今天才變動快速的。早在報紙出現那一天，人們就已受到巨大的衝擊，從報紙、廣播、電視、電子郵件、網路到社群媒體，歷史只是一再重演，而你，準備好從中記取教訓了嗎？

2008 年，臉書 (Facebook) 在台使用人口只有 11 萬，2010 年使用人口成長到 800 萬，全台灣的行銷人員都花錢在臉書的 APP、開設官方帳號。2015 年，Instagram 全球使用人口突破 4 億大關，於當年 10 月 27 日也宣布正式在台灣服務企業，全台灣的行銷人員又以「年輕化」為目的，進軍 Instagram 開設帳號和投放廣告。根據 Firstory 統計，2020 年 1 月與 2021 年 1 月相比，Podcast 收聽次數增加 500 倍，一時之間 Podcast 變成顯學。接下來的 ClubHouse、TikTok 和 ChatGPT 也一再上演同一戲碼。當你捫心自問，2023 年，根據 Global Web Index 數據顯示，台灣已有

超過 18% 的人每日都使用 TikTok 時 [1]，你該怎麼投入這個吸引消費者注意力的市場？退一步想，你該不該投入呢？

哥倫比亞法學教授吳修銘（Tim Wu）在《注意力商人》一書中，就從歷史的宏觀角度，非常完整地帶領讀者了解這個媒體生態的轉變。

早在西元 1440 年，就產生新聞以印刷品的形式傳播 [2]，一天約莫可產出 4,000 頁的印刷品，比手寫的產出效率高出 1,000 倍；一直到 1800 年代，一份售價在 6 美分的報紙，仍然是精英族群的專屬品。直到 1833 年 9 月 3 日發行的紐約太陽報《The Sun》，才以一份 1 美分的售價，改變整個廣告生態。有別於單純靠讀者付費的營運模式，紐約太陽報的成立宗旨是要讓人人都能負擔的售價，獲得新聞，同時，也讓廣告主可以擁有一個比其它媒介更有優勢的宣傳平台。自此，開啟了為了爭奪注意力而不停秀下限的媒體報導、開始將新聞娛樂化，透過主筆的敘事方式，將刑案現場描述地身歷其境，《紐約先鋒報》更是以報導暴力死亡案件著稱於市場。當注意力都轉移到此類型的媒體時，當時的傳統媒體就已備受威脅。這個情境，不就跟現在的社群媒體和新媒體生態很像嗎？

使用者證言的策略也早在 1917 年幫好彩香菸（Lucky Strike）打過漂亮的一仗，在 1920 年的中期，好彩香菸推出「It＇s Toasted」的一系列宣傳活動，將品牌定位為健康補品，可以治療大部分品牌的香菸所引發的喉嚨痛問題，為了使人理解產品的保健優勢，舉辦了一個「珍貴嗓音」，獲得歌劇明星和其他歌

手的使用見證（如圖 1.5），當然，這些都是付費買來的，而好彩香菸在 1920 年代末期，銷售已經打敗駱駝香菸，成為全美銷售第一的品牌。時至 2022 年，我們仍然在討論使用者證言、網紅行銷和代言人策略。

· 圖1.5：好彩香菸的名人策略
· 資料來源：tobacco.stanford

接下來的世界，就是廣告狂人的黃金時期，在沒有電視的時候，1931 年的廣播節目—阿莫斯和安迪秀（Amos 'n' Andy），一個晚上可吸引全美大約 4,000 萬的聽眾。1947 年，約莫只有數千個美國家庭擁有電視，到了 1954 年，RCA 推出第一台彩色電視，1955 年，約莫有 1,200 萬個家庭都有了電視[3]，而 1956 年 9 月 9

---

1 資料來源: Global Web Index，2023Q1-2023Q3，How oftendo you visit or use Tiktok?
2 資料來源：UNDERSTANDING MEDIA AND CULTURE，4.2 History of Newspapers
3 資料來源：Golden Age of Radio in the US

日的艾迪‧蘇利文秀（Ed Sullivan Show）收視率可高達 82.6%。廣播雖擁有死忠支持者，但電視儼然變成廣告主和消費者的新寵兒。接下來的 50 年，這樣的故事一再上演，1971 年由雷‧湯姆林森（Ray Tomlinson）所發明的電子郵件，本來是作為辦公溝通之用，每個人的注意力卻從電視轉到電腦螢幕，隨時瘋狂地按重新整理，確認自己沒有漏接各種郵件，而獲得注意力的商務用電子郵件，到了 1978 年，迪吉多電腦公司的蓋瑞（Gary Thuerk）為了宣傳新設備，決定一次發送 400 封郵件，結果，創造了美金 1,300 萬的銷售額，從那一刻開始，這世界就有了「垃圾郵件」[1]。

電玩、網站、通訊軟體、入口網站、搜尋引擎乃至新興的社群媒體、音樂串流、影音串流、短影片，每一個時代的新產物，都繼續瓜分人們的注意力，時至今日，難以再創造 6,000 萬人同時上線的單一節目，也沒有收視率 82.6% 的電視節目，取而代之的，是 29 億使用人口的臉書月活躍用戶、15 億人使用的 Gmail、5 億人使用的 Spotify 和 2 億個用戶數的 Netflix。

與消費者的接觸管道變多了。品牌最該煩惱的是，該如何選擇適合自己的推廣方式，才不會因為某個平台的消失，而造成自己莫大的損失。

或許，這個命題對你而言，有點太大，但許多跨時代的行銷思維領導者，早已提供架構、價值主張宣言等，也可以幫助企業進行市場分析和策略制定。

---

1 資料來源：Atdata, 7 Surprising Facts About the History of Email Marketing

▪ 行銷學派的轉變

從各大傳播集團的傳播架構中，你也可看到，每個權威人士和傳播集團，隨著消費者的習慣不同，逐漸產出不同的框架。行銷大師菲利浦·科特勒（Philip Kotler）從行銷 3.0 演變到行銷 5.0，電通集團將原有的 AIDA 模型，轉換為 AISAS 模型，奧美更推出 DAVE 思維，試圖取代傳統的傳播邏輯。以下，將為各位介紹，近 30 年來，主流行銷思維，是如何跟著消費者的轉變。

科特勒｜行銷 1.0 到 5.0 的變遷

1980 年，現代行銷學之父—菲利浦·科特勒（Philip Kotler）出版的曠世巨作《市場行銷原理》，在書中就提到：「行銷是門日漸成長且重要的專業，包含販售、創造和管理品牌，這本書，將教導讀者現代行銷的觀念和應用方法」，書裡涵蓋行銷的策略規劃、用戶行為研究、市場區隔與定位、透過供應鏈和行銷管道為顧客創造價值、行銷接觸點規劃乃至於行銷計畫，而這本書能成為當時的經典巨作，科特勒認為跟當時不確定的時空環境，有很大的關係。

在菲利浦撰寫此書的 1970 年代，正是美國停滯性通貨膨脹嚴重的時代，兩次的石油危機造成原物料上漲、企業利潤下滑，也導致失業率居高不下，經濟蕭條。在此變動的時代，人們必須思考該如何將產品賣出去，換取利潤，以謀生計或成長。（如圖 1.6）

數據紅利

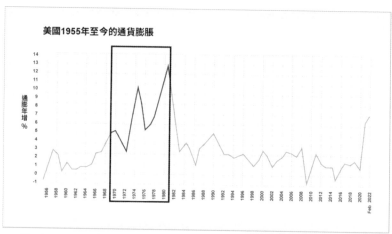

・圖1.6：1970-1980年代，美國消費者物價指數飆漲的年代
・資料來源：為壓制通膨巨獸，經濟衰退無可避免？回顧美國近50年的歷史經驗：世界經濟恐將硬著陸 - Smart自學網|財經好讀 - 好生 - 進修充電 (通膨、CPI、美國、風傳媒、經濟、衰退、物價、漲幅、主計處、漲價) (businessweekly.com.tw)

　　行銷 1.0 的年代，是以電視廣告為主的年代，雖然第一台電腦在 1975 年問世，但電視仍是佔據最多人目光，所有的電視節目，也在 1972 年全面彩色化，一日的電視廣告則數高達 1,600 則，整個廣告產業營業額預估為美金 60 億元[1]。電視的蓬勃發展，也在 1980 年代，造就了歐普拉等超級巨星，而電視台的收購金額也屢創新高，光是 1985 年那一年，ABC 就被以美金 35 億元收購，RCA 及其 NBC 部門則被以美金 63 億元收購。

　　在《行銷 3.0》書中，該書作者提到雖然行銷 1.0 說的是由工業革命所驅動的行銷，但對科特勒教授而言，在寫書的 1970年代，肯定認為自己正在遭逢這世上難得的變動，經濟環境的變

動，造成許多企業倒閉，續存的企業也在尋找能銷售商品的一線生機。同樣地，推廣的媒介也正在大幅變動，也是在這個環境下，1980 年代，這本《市場行銷原理》，以產品為核心，教導品牌主該如何以功能面推廣自己的產品，讓一群有物質需求的購買者買單，媒介很簡單，就是電視和通路。

行銷 2.0 述說的年代，約莫是 1990 年代，也就是比爾‧柯林頓（Bill Clinton）的年代。1990 年，伯納斯李（Tim Berners-Lee）成功開發並提出全球資訊網的概念（World Wide Web），1994 年，網景瀏覽器（Netscape）的誕生讓世人瘋狂，1998 年，Google 誕生了。而在網路大幅變動的同時，1990 年也充滿著不安，波斯灣戰爭、阿富汗內戰、車臣之戰、馬其頓武裝衝突，也都發生在這短短的十年間，根據維基百科所記載，這十年共發生 48 場戰爭[2]，比前 20 年還多出了一倍，世界的對立，也達到前所未有的緊張程度，也間接造成 2001 年的 911 事件。在那幾年，架設網站大流行，人們對於視聽的內容，越來越有選擇權，選擇自己喜歡看的媒體，人們不用守在電視前面，被迫一起看著被妥協的電視節目，搶奪象徵家庭地位的遙控器，人們有自己的滑鼠，可以上自己想看的網站。

---

1 資料來源：MASCOLA GROUP BLOG, HISTORY OF ADVERTISING: 1970S
2 資料來源：維基百科，戰爭列表（1990年—2002年）

行銷 2.0 講的觀念，就是以消費者為導向的世界，品牌無法再以一賣百、自說自話，在資訊科技發達的驅動之下，消費者掌握主動權，可主動地找到更多的產品資訊，而品牌則是要更注重本身品牌或產品的差異性，努力提升這群擁有思想情感的顧客，對你更加的滿意。這時候的媒介，除了既有的廣播、報紙、新聞、電視外，網路成為此波的主流。

　　2011 年 3 月，科特勒教授與陳就學、伊萬塞提亞宛（Iwan Setiawan）先生，共同發表了《行銷 3.0：與消費者心靈共鳴》一書，也正式開啟 4.0/5.0 的展望與 1.0/2.0 的回顧。在撰寫書籍的 2000 年代末期，正是社群媒體蓬勃發展的年代。當廣播、電視達到頂峰，電腦、網路緩步上升時，社群媒體在 2005 年後直線竄升，ICQ、MSN Messenger、Facebook、Flicklr、MySpace、Youtube、Reddit、Twitter、人人網、Tumblr、新浪微博還有 Instagram，全都是這個時代下的產物，所有的社群平台都要用戶拉自己的朋友進來，各種產品、品牌訊息已經無孔不入，每個侵入用戶目光的產品，都號稱自己很棒，使得用戶無法分辨真假。（如圖 1.7）

　　此時出版的《行銷 3.0》，希望品牌不僅要滿足顧客要求，更是要扛起企業社會責任的大旗，設法要追求價值，讓世界變得更美好，除了功能面和情感面的操作外，要加上精神面的操作，隨著發布內容的成本降低，品牌要與消費者多對多的協同合作，這樣的論述，與李奧・貝納（Leo Burnett）於 2010 年 10 月出版的《HumanKind》[1]，以及奧美於 2011 年公布的《品牌大理想》（Big IdeaL）架構[2]，都很接近。奇妙的是，該書雖是社群媒體時代的

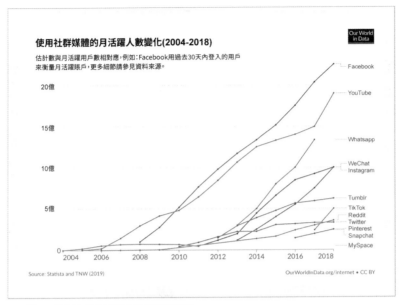

- 圖1.7：美國家戶使用媒介的媒體使用率
- 資料來源：https://ourworldindata.org/rise-of-social-media

行銷指導手冊，但尚未對媒體接觸點的選擇，有更完整地說明，跟李奧‧貝納與奧美相同，都是敦促人們多溝通品牌的情感價值。一直到行銷4.0，才看到科特勒教授運用5A的框架，為所有追隨者解開迷津。

　　《行銷4.0：新虛實融合時代贏得顧客的全思維》一書出版於2016年，是首次將數位媒體接觸點，納入行銷架構，形成了讓

---

1 資料來源：amazon, HumanKind
2 資料來源：What's The big ideaL?

大家有跡可循的 5A 消費者歷程，用來服務進行實體與數位消費的顧客。將消費者的購買歷程，分為認知、打動、詢問、行動到倡導等五步驟，並在每個步驟下，留著顧客印象、接觸點和顧客行為的框架填空。在代理商的訓練中，顧客歷程是一堂必修的學分，可以用來釐清接觸點的任務和明確訊息設計，當時許多顧客都難以接受，反而是科特勒教授提出 5A 架構後，更清楚地展示如何規劃接觸點後，讓多數的品牌主，可仰賴自己的直覺和顧客訪談，重新釐清不同媒體接觸點的優先順序。當時的時空環境下，隨著智慧型手機的普遍，面對媒體的多樣化和消費者注意力的分散，品牌操盤手必須要適時地調整自己的行銷策略，才能在激烈的市場競爭中脫穎而出。而該書的出版，提供了一套系統化的架構和思考方式，讓讀者能夠更好地理解和應對這些變化，重新整理既有平台，進而制定更有效的行銷策略。

到了 2021 年出版的《行銷 5.0》一書，大量地考量到大數據的威力，為《行銷 4.0》的框架，增加更多數據的佐證，而我在 2021 年出版的《數據為王》一書，也是看到大數據與行銷思維框架的重要性，重新整理了此時代當中，該如何靜下心來，評斷每個平台優先順序的各種數據思維和應用。

回顧每個階段，其實都有很劇烈的變動，就算是科特勒大師，也需要按照時代的演進，發展不同的框架，才能協助行銷人因應時代，推廣產品。科特勒教授，是屬於學院裡的大師理論，從個人和團隊的觀察，總結趨勢並形成思維。以下，就讓我們看看媒體為主業的電通集團和創意為基底的奧美集團，如何因應時代的

變化，與時俱進地改變思維架構呢。

電通｜單點到互動的的傳播企劃

日本電通，是日本最大的廣告與傳播集團，成立於 1901 年，原為通訊社，後轉讓新聞通訊部門，改為專營廣告，其業務涵蓋全方位溝通服務，根據其財報記載，2021 年整體營收達到 9,765 億日圓，在全世界 145 個市場運作，總計員工數達到 65,000 人。

相對於奧美的發展方向，電通在多年的整合策略下，已是一家以媒體為主的整合傳播集團，光看其傳播架構，就會是以接觸點思維的思維架構。這個思維，也很適合重整媒體接觸點時使用。至於創意發想，則建議參考奧美的傳播架構。

想一窺電通集團的歷史和傳播架構，2011 年由電通杉山恒太郎（KOTARO SUGIYAMA）和提姆・安德里（TIME ANDREE）主筆的《電通之道：從世界最創新的廣告公司學習跨平台行銷的秘密》（The Dentsu Way: Secrets of Cross Switch Marketing from the World. Most Innovative Advertising Agency）一書中，就跟科特勒教授一樣，透過購買歷程，拆解每一個階段的企劃思維。

他提到，傳統的 AIDMA 模式，將購買歷程分為吸引注意力（Attention）、產生興趣（Interest）、強化慾望（Desire）、記憶商品（Memory）到採取行動（Action），這個思維是傳統廣告的產物，這會假設消費者只會被動接受訊息，當品牌的廣告推播至消費者目光時，消費者會乖乖地接收訊息，轉化成慾望、記憶，最後自己完成的購買行為。

在此過程當中，企劃人員彷彿幫消費者戴上了防護罩，將消費者隔離在世界之外，也銬上一副隱形的手銬，讓消費者無法主動搜尋相關資訊；這個過程，與已經蓬勃發展的社群和搜尋時代格格不入，在 2010 年代的消費者，搜尋各種解答時，早已不會仰賴單一的訊息來源，當對一個產品有興趣時，不會只仰賴某一家媒體的報導，也不會只看某一個人的消費評論，他會透過不同管道，了解該品牌的產品，是否值得信賴，是否值得購買。

正因如此，電通才提出新的購買歷程模型：AISAS 模型。AISAS 模型，分別代表吸引注意力（Attention）、產生興趣（Interest）、搜尋（Search）、採取行動（Action）、分享資訊（Share）。考量到部落格和社群媒體的崛起，而既有傳播管道（如：展示間、傳單、展覽會場）也都還存在，所以新的架構應該要同時包容線上和線下的媒體接觸點，將工作場域、居家、學校、通勤、在地社區和商城都納入架構當中，也必須促進企劃者近一步思考，要如何善用社群媒體的力量，促進消費者分享品牌的資訊。

從 2010 年的視聽環境而言，消費者不再是處於所有媒體接觸點的中央，被所有廣告集中後，不採取行動，所謂的媒體組合（Media Mix）規劃觀念，已經要升級成更為複雜的跨平台溝通（Cross Communication）規劃，新的規劃認知到消費者在被品牌訊息擊中後，會主動到網站、店面、行動裝置、社群媒體等接觸點，去瞭解更多的品牌資訊後，才會真的採取行動。消費者，已不再是挨打而已。這一點，已經比 2010 年出版的《行銷 3.0》更

符合當時的視聽環境，並跟 2016 年《行銷 4.0》的架構更為趨近。

延續此一觀點，在媒體接觸點的評估上，也在書中提出接觸點管理（Contact Points Management）的評估原則，以三個步驟，評估接觸點的優先順序。

① 找到所有可能的接觸點

拆解消費者生活，細緻地描繪各種接觸點。

② 依溝通目的，評估各個接觸點的有效性

按照用戶歷程，定義每個階段的溝通目標和評估各階段適合的接觸點和其效度。

③ 定義各個溝通點的最佳溝通時機

定義過程需考量到時間、地點、情境和感受。

將 AISAS 加上接觸點管理，就是策略企劃。該書將整合行銷的過程分為七個階段，分別是洞察與策略、核心創意、情境創意、架構設計、主導性創意、協調與執行和評估成效。其中，協調與執行是其它傳播架構中，較少提到但又必須重視的亮點。雖然能企劃出一個漂亮的架構，但當 2010 年代各種新媒體崛起時，也須考量到品牌與不同媒體之間的協調作業和執行度，才能更確保企劃作業能完整的執行。

在對外公布跨平台溝通的架構後，2010 年代，整個世界都被演算法主宰，智慧型手機的普及，內容產出已經趨近於零成本的情況下，每天只有更多的內容分布在不同平台上，要分散消費者的注意力，光就臉書而言，2020 年的統計數字顯示，每天仍有 3 億張照片被上傳到臉書，在你閱讀這段文字的同時，一分鐘內，

約莫有 51 萬個留言和 29 萬個近況，被更新在臉書上面[1]。當世界的目光越來越分散的同時，電通也在 2017 年，推出以人為本的行銷架構—人本行銷（People Driven Marketing）。

在電通於 2017 年發布此架構的新聞資料提到：「當企業應變快速變動又複雜的環境時，要能擁有掌握全局的專家和方法，將日益困難。人本行銷是整合電通過去的案例，將人作為參考點（Reference Point），與過往不同的是，除了更明確要溝通的分眾族群，更將銷售漏斗從前到後的衡量指標一致化，以協助品牌管理和提高投報率。整體架構是以人為核心，重新思考如何將對的

・圖1.8：電通人本行銷架構
・資料來源：日本電通

訊息、在對的時間、投給對的人,並在整個過程中設立適當的衡量指標」。

　　整個架構,不是一個線性流程,反而是一個循環圖,從目標設定為起點,開始進入深度研究,接著根據設定的族群樣貌,勾勒其購買歷程,從中設計媒體和推廣的架構設計,待前一架構設計完善後,再進到創意和啟動的階段,最後,則是透過執行和PDCA(Plan, DO, Check, Act)的流程,再重新對焦原始設定目標[2]。(如圖 1.8)

　　在推出此架構的 2 年後,電通集團也於 2019 年成立數據行銷中心[3],透過各種數據整合,協助企劃人員,可用更清晰的方式,規劃整個人本行銷的過程。而科特勒教授以數據為導向的《行銷 5.0》,則是在 2021 年問世。

　　從電通集團和科特勒教授的思維演變中,可看到,不論在美國或日本,當接觸點變得分眾又多的時候,都會需要數據,才能評估各個接觸點的重要性和創意內容。那在同一時期的奧美集團,又是以什麼樣的思維架構,因應時代的演變呢?

1 資料來源:How Much Data Do We Create Every Day? The Mind-Blowing Stats Everyone Should Read

2 資料來源:Dentsu and Dentsu Digital Develop Integrated "People-Driven Marketing" Framework for Aggregating and Advancing the Group's Marketing Methods in Japan Using People as the Reference Point

3 資料來源:Dentsu and Dentsu Digital Develop Integrated "People-Driven Marketing" Framework for Aggregating and Advancing the Group's Marketing Methods in Japan Using People as the Reference Point

數據紅利

奧美｜360 度到解決關鍵 10 度

奧美集團身為全球頂尖的廣告代理商，血統中混合著大衛·奧格威（David MacKenzie Ogilvy）的美式風格與艾德蒙·馬瑟（Edmund Mather）的英國紳士風，公司名稱─Ogilvy & Mather 也是兩人名字串連而成，從 1964 年合併至今，2021 年，已是一個年收入高達美金 59 億元，全球共有 2.4 萬員工的大型整合廣告代理商。

奧美迄今的整合傳播思維架構，是從 1990 年代由時任奧美集團總裁夏綠蒂 畢爾絲（Charlotte Beers）發展的 360 度品牌管家（Brand Stewardship）開始，當時在網際網路風行的年代，奧美也是面臨各種低價競爭，當時夏綠蒂的策略就是，廣告這一行必須要走向跨國經營，知道客戶所需要的就是以更低的成本獲得更好的服務（沒錯，1990 年代，客戶需求跟現在都一樣）。奧美以品牌管家的思維，教育市場上的品牌要以長期的思維，為品牌建立可持續的名聲，在此過程當中，需細心規劃每個品牌與消費者接觸時，展現的品牌訊息。在這過程當中包括以下幾步驟[1]：

①資訊收集（Information Gathering）
了解消費者、競爭者、產品和環境。

②品牌檢驗（Brand Audit）
檢視品牌目前給消費者的感受。

③品牌探測（Brand Probe）
更全方位、指向性地讓不同群體表達對品牌的理解。

---

1 資料來源：MBA智庫，奧美360度品牌管家概述

④品牌寫真（Brand Print）

生動地描述品牌與消費者的關係，形成論述。

⑤品牌檢核（Brand Check）

確保品牌在各個環節，都能展現出一致的形象。

奧美身為整合行銷集團，有廣告、公關、活動以及客服等公司，可整合旗下資源，360 度地檢驗品牌、守衛品牌聲譽，在低價競爭的環境中，主要進攻客群，也轉向更具備豐沛資源的跨國性品牌。在明確的策略方針下，奧美集團在 1994 年 5 月，贏得 IBM 這個全球性的客戶，協助 IBM 管理對外的品牌一致性，每年統整的業務高達美金 5 億元，創下單一廣告代理商單一客戶的歷史新高金額。

2010 年 6 月份，在《行銷 3.0》訴求品牌情感，與李奧·貝納發布《HumanKind》的隔一年，奧美對外發佈《品牌大理想》的紅皮書（Big IdeaL Red Paper）（如圖 1.9），發布的理論相同，

THE BRANDS WE MOST ADMIRE ARE BUILT
NOT JUST ON BIG IDEAS, BUT ON BIG IDEALS

· 圖1.9：品牌大理想的宣言
· 資料來源：奧美官方網站

數據紅利

都期待品牌追求對世界有意義的理想。奧美身為廣告代理商，長期追求大創意，但在此時，則透過紅皮書，想向世界鼓吹比創意更重要的理想。

《品牌大理想》講的是品牌存在於這個世界的獨特性，透過文化張力（Culture Tension）與品牌真我（Brand Best Self）的交集，形塑成品牌相信的理想性宣言。例如，多芬的自信美活動，就是一個經典的案例。2000 年初期，以溝通 1/4 乳霜的產品特色，多芬攻下了一塊很不錯的市場份額，佔比可達到 34%，但經過多年產品特色的溝通後，可以很明顯看到銷售成長的力道趨緩。因此，在寶僑（P&G）引進歐蕾（Olay）的時候，聯合利華試圖要改變多芬的溝通策略。

在此背景下，透過數據調查發現，多數的女性都在掙扎，究竟是要適應社會價值觀，將自己變成社會定義的美麗女生，抑或是要順從自己的心志，成為自信的自己？而多芬的天然乳霜本質，本就站在順從自己心志的這一邊。於是，多芬發展出的品牌大理想宣言，就是以下這一句經典台詞：

多芬相信，若是每個女生都允許自己，對自己的身體感覺良好，這個世界會更美好。

2004 年開始，展開 Real Beauty 的系列活動，海報中突顯出環肥燕瘦的多樣女性，以對話式的海報，觸動人們思考。年紀增長時，臉上的是皺紋或完美（Wrinkle or Wonderful）？滿頭的白髮，代表的是灰白還是煥發（Grey or Gorgeous）？身材較胖的女生穿上緊身衣，是顯胖還是合身（fat or fit）？一系列不帶產品訊

息的廣告，靠著大理想，為當年帶來 24% 的業績成長。

《品牌大理想》的框架鼓勵品牌建構自己的偉大宣言，以成功打造感動人心並帶動銷售的案例為基礎。在隔年，奧美推出了 Fusion 的傳播藍圖架構，該框架從購買歷程的角度思考每個媒體接觸點的目的和衡量指標，以實現《品牌大理想》在不同接觸點上的落實。

Fusion 的架構與 360 度品牌管家類似，也是講求 360 度的整合行銷，但有鑒於能完整負擔全奧美服務的客戶也不若以往的多，在品牌管家的年代，講求的是統包的整合服務，而 Fusion 架構下，只要為品牌找到那關鍵的 10 度即可，也就是透過 Fusion 的架構，為品牌進行全面健檢，但奧美可作為領頭羊，負責解決最關鍵的問題，其它部分，則可交由品牌習慣合作的代理商共同合作。畢竟，要能再找到一個年收入高達 5 億美金的客戶，也不是一件簡單的事情。

在 2012 年奧美集團匈牙利辦公室分享的簡報中可看到，在 Fusion 的架構中，傳播架構分為五個部分[1]（如圖 1.10）

①商業紅星（Business Ambition）

明確定義品牌的商業目標，並將其視為解決商業問題的關鍵。

②客戶體驗（Customer Experience）

根據客戶人物誌，發展出完整的購買歷程，以深入了解客戶的需求和行為。

---

1 資料來源：Ogilvy Group Hungary

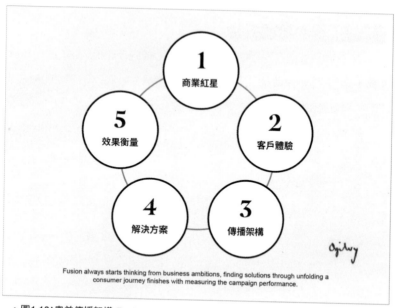

Fusion always starts thinking from business ambitions, finding solutions through unfolding a consumer journey finishes with measuring the campaign performance.

- 圖1.10：奧美傳播架構-Fusion
- 資料來源：奧美集團匈牙利辦公室

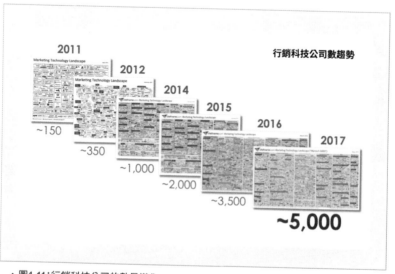

- 圖1.11：行銷科技公司的數量變化
- 資料來源：chiefmartec

③傳播架構（Architecture）

根據購買歷程中的動力和阻力，規劃出不同階段所需的必要活動，以達到品牌傳播的最佳效果。

④解決方案（Soultion）

針對每個購買歷程的關鍵步驟，發展出具有創意和策略性的核心解決方案。

⑤效果衡量（Effectivess）

定期追蹤和評估品牌活動的績效，以確保活動的有效性和回報。

這些部分共同構成了一個全面的傳播架構，可幫助品牌在市場上創造出獨特的品牌體驗，並實現商業目標。

經歷三年的內部推廣後，行銷科技進到紅海時期，原有的服務商總數，從 2011 年的 150 家，已經增加到 2014 年的 1,000 家。原有架構中，只能透過直覺或少樣訪談的數據，在當時，就已經可以透過行銷科技服務商，提供更大量且精準的數據，讓整體的思維架構更完整。這時間的數據，可以從用戶數據、競爭品牌情報、廣告投放數據到商業情報不等，讓商業紅星、客戶體驗等企劃步驟，可以幫助品牌在不同的企劃步驟中做出更明智的決策。（如圖 1.11）

在這樣的時空背景下，奧美於 2014 年推出 DAVE 的傳播架構，在《數位時代的奧格威談廣告：聚焦消費洞察，解密品牌行銷》（Ogilvy on advertising in the digital age）一書中提到，過往的架構中，我們都太專注於品牌，而不是將消費者放在核心，會

造成品牌無法創造與消費者之間的親密連結，而數位加上數據，讓品牌更有機會與消費者之間有更親密的連結，因此，我們發展了 DAVE 的傳播架構。

DAVE 四個字，並非一個人名，而是由數據（Data）、時時（Always on）、提供價值（Valuable）和創造體驗（Experience）四個英文單字的首字母所組成，這四個字，分別代表這個年代行銷的必備元素。

就流程而言，DAVE 的傳播架構與 Fusion 差異並不大，差異在思維和數據，就流程而言，大致分為六個流程：

①顧客企圖（Customer Ambition）

品牌主對不同族群的進攻企圖排序。

②人物誌（Personas）

不同族群的生活樣貌、使用習慣、媒體接觸點。

③用戶歷程（Customer Journey）

購買歷程是以購買為重點，用戶歷程則是以用戶生活的角度，畫出歷程。

④互動創意（Engagement Idea）

在不同歷程中，該展現出的品牌創意。

⑤互動佈局（Engagement Blueprint）

各個歷程中的品牌創意，搭配接觸點後，所構成的互動佈局。

⑥體驗地圖（Experience Map）

行銷不同接觸點的績效衡量指標。

企劃過程，仍是以品牌的主張貫穿體驗地圖，而數據和洞察

則是提供所有思維的燃料。根據此一架構,過往靠直覺判斷、少數人訪談或田野調查的亮點創意策略,讓品牌能夠與消費者建立更親密的關係,打造出更具價值和深度的品牌體驗。

■ 殊途同歸的行銷思維演變

從以上主流學派來看,新興媒體打敗傳統媒體,這在歷史的洪流當中屢見不鮮,從各階段當代議題和主流學派思維來看,活在分眾、數據和科技當道的我們,勢必要以用戶歷程的思維,加上數據支持,才能定義好推廣期不同平台的定位、經營優先順序和衡量指標。(如表 1.12)

統整各學派的理論和實務後能更明白,現今的推廣計畫中,至少必須涵蓋到以下四個項目。

	1990年間	2000年間	2010年間	2015年迄今
當代行銷議題	官方網站	即時通訊、部落格	社群、行動	分眾、數據、科技
主流學派思維	全面性包圍消費者的接觸點		訴諸價值: 拉高溝通層次,以文化、價值引發消費者共鳴	體驗歷程: 從數據和思維,定義不同歷程階段的任務和指標
科特勒思維	行銷2.0 消費者導向		行銷3.0 與消費者心靈共鳴	行銷4.0 5A歷程 行銷5.0 數據驅動
電通思維	AIDA的媒體組合思維		AISAS的跨媒體企劃	人本行銷
奧美思維	360品牌管家		Big IdeaL品牌大理想與 Fusion整合接觸點	DAVE:數據與 體驗的思維

・表1.12:各年代行銷主流思維

四個行銷基本要素

結合不同學派的行銷架構以及實戰操盤經驗，統整現今行銷佈局的思維，都是從第一篇章所介紹的生意企圖開始，在初步定義生意企圖後，才會進到行銷佈局的企劃，這時候，多數的學派，皆會以用戶輪廓起點，逐步展開行銷企劃。

數據驅動的行銷企劃，可分為四階段，從用戶為起點，思考不同宣傳平台的定位，從定位進一步延伸為各平台應設定的議題，再推展到平台的執行細節並發展成年度計畫。

①人物誌

在不同學派中，都建議要以用戶為主，完整勾勒人物誌，甚至推展成購買歷程或用戶歷程，這兩者相比，人物誌是更常被運用的架構，歷程雖然很完整，但卻會需要太多的思考成本，本書的第四章，就會著重在人物誌的介紹。人物誌的興起，是因為當數據不是稀缺資源時，行銷就有更多的方法可以了解用戶的真實樣貌，企業外部公開可購買的既有數據，涵蓋範圍的包括網路瀏覽行為、實體通路造訪偏好、社群使用行為、媒體接觸點調查、產品討論度和搜尋行為等。人物誌也會依照應用情境，分為產品開發、產品推廣、品牌定位和徵信調查等不同面向。本書介紹的人物誌，是我整理 200 個以上的人物誌後，歸納跨產業的品牌主在推廣產品時，最需要看到的四個指標：人口統計、內容創意、媒體投放和產業特色。建構全球通用的人物誌，可幫品牌定義新舊市場的明確區隔，也可避免廣告投放時，彼此的競價，造成品牌投放資源的浪費。

舉例：創立在 1837 年的寶僑（P&G），並非一開始就跨足不同產業，在集團創立的前 109 年間，它只專注做一個產品—香皂，透過開發或整併不同的香皂，持續擴大自己在香皂市場的佔有率。1925 年時，在管理品的尼爾‧麥可羅伊（Neil McElroy）發現，當他經營的香皂品牌—Camay 在搶奪競爭品牌的市場份額時，會直接與集團旗下的另一香皂品牌—Ivory 競爭，具體而言，在產品之間沒有具有區隔性的定位與用戶分眾之下，不同產品常常會搶到同一個電視廣告的時段，反而拉高了品牌露出的成本，讓媒體漁翁得利。於是，1931 年 5 月 13 日，尼爾‧麥可羅伊提出一個影響行銷體制運作的建議：品牌經理（如圖 1.13）。在當時的文件中就提到，每個品牌要有專屬管理該品牌的人，要為不

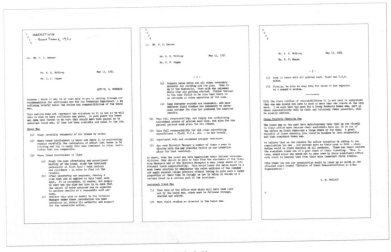

‧圖1.13：尼爾‧麥可羅伊提出品牌經理之文件

‧資料來源：維基百科

同的產品進行前期市場研究，做出明確定位與用戶分眾，以確定傳播管道並減少自家人競爭相同媒體，避免造成的資源浪費。最終，這樣的意見不僅被寶僑採納，還形成了跨國企業的子品牌營運架構，而他本身，也成為了寶僑的總裁，並於 1957 年至 1959 年期間，擔任美國國防部部長 [1]。

②品牌自有平台定位

這一階段，可類比為電通闡述的接觸點管理與奧美的互動佈局中，每個平台的角色定位。身為用戶，你可能是開車的時候聽廣播、坐在沙發時開電視、無聊時滑手機，每個媒體的使用意圖都不一樣，就算是社群媒體，上臉書、逛 IG、看 YouTube 和刷抖音，每個社群媒體被你打開時，你都有不同的期待，品牌操作時，也應該根據不同意圖，設計不同平台的定位。許多案例都證明，相同的內容，在不同平台上，是需要根據平台特性調整，才會有好的效果。只是，每個人使用不同的平台頻率不同，目的性也不同，在定位不同平台行銷策略時，是需要先聚焦好用戶輪廓後，再研究該族群在不同平台的使用意圖，才能在不同平台發展出具特色的品牌形象。在跨國企業的做法，就會產出「社群規範手冊」，以確保每個宣傳平台具有差異性溝通特色。

舉例：福特汽車（Ford）、愛迪達（Adidas）、耐吉（Nike）、Volvo 和 IBM 等國際品牌，都有自己的社群規範手冊。愛迪達在 2016 年，為了要激發更多粉絲的討論愛迪達，委託 Alltogether 撰寫其《消費者互動內容指導手冊》（Consumer Engagement Content Playbook[2]，連結），以整合的定位規範，定義內容的原則、

哲學和最佳範例，讓全球各地的愛迪達，能展現具備在地特色的全球形象。而在肯德基 (KFC) 的《社群媒體指導手冊》（Social Media Playbook）（如圖 1.14）中，則是將平台的角色、擬人化定義、社群語調、視覺規範、運用標籤乃至 Snapchat 策略、網紅策略、危機管理、社群應對和創意執行，都整理在超過 200 頁的文件[3]。

　　平台的定位，通常會牽涉到面對群體、品牌目的、用戶目標和成效追蹤，定義好後，才能統一對外語調並讓執行團隊更有具

・圖1.14：肯德基的社群媒體規範手冊
・資料來源：Reshma Roy

---

1 資料來源：The History of Procter & Gamble's Brand Strategy
2 資料來源：Creativepool. https://creativepool.com/magazine/leaders/alltogethernow-create-consumer-engagement-content-playbook-for-adidas.10319
3 資料來源：Reshma Roy. https://reshmaroy.com/portfolio/kfc-playbook/

體方向和衡量標準，也讓資源能集中，避免浪費。

③話題設定

在三個學派的架構中，也都有用互動創意、接觸點創意等方式，闡述該如何為每個平台，產出不同的合適創意，但我會偏好使用「話題」而非「創意」，創意總讓人覺得要與眾不同、耳目一新，但在品牌需時時在線的年代中，重點並非給予消費者不同的創意，消費者也不必然會因為「不同」而願意討論你的品牌，在不同平台則是要消費者產生「話題」，讓品牌與消費者有「話」聊，或是提供一些話題，讓消費者可以跟他朋友有話聊。

當我們關在一個封閉的空間思考時，很容易陷入自己情緒的循環，並且對可能的阻礙視而不見，過度相信自己的創意能夠取得成功。然而，透過數據洞察，我們可以協助探勘不同平台上用戶的偏好話題，從而更好地掌握各平台間的話題差異。這樣做可以幫助我們更全面地了解目標受眾的需求和興趣，並在不同平台上適應性地調整我們的策略和內容。這樣的數據洞察有助於我們更有針對性地吸引用戶，提供他們真正感興趣的內容，並在各個平台上取得更好的效果。

④宣傳平台佈局

每個年代，都有新的媒體平台，一開始瞄準的受眾不同，投放的管道就會有差異，媒體佈局策略，是該被重新審視的議題，在臉書和 Google 佔據 80% 廣告預算的年代，垂直媒體也相對重要、網紅也重要、關鍵字也重要、什麼都很重要。

在選擇宣傳平台時，一個常見的錯誤是只看到個別網紅的吸

引力，而忽略了回頭思考品牌選擇網紅的目的。品牌選擇網紅的目的可能是想要擴及平常不易接觸到的族群。在進行人物誌研究時，品牌應該思考整年度內應該經營哪些類別的網紅，以及整年度的成效如何。

在這個過程中，一個常見的擔憂是當一個網紅的成效不佳時，就會喪失嘗試該類別網紅的信心。然而，從年度經營品牌的角度來看，嘗試的樣本數不應該只有 1 個。品牌可以利用數據來掌握各個媒體的投資金額，進一步評估網紅的選擇。

因此，在選擇宣傳平台和網紅時，品牌應該放眼整年度的策略，並透過數據的分析和投資金額的掌握來做出更明智的決策，以降低單一網紅帶來的風險，並提高品牌宣傳的效果。

例如：三星（Samsung）在 2010 年代進軍台灣市場，也有調整其策略以符合消費者的需求和偏好。當時三星全是實打實的溝通產品特色，進軍男性為主的 Mobile01 論壇，邀請手機寫手評測，跟台灣品牌 HTC、日本品牌 Xperia 硬碰硬，結果當時對韓國貨品的仇視以及對國產品牌的支持，讓三星一直處於挨打的被動情勢。為了想要找到新的成長機會，2012 年透過數據，進行一場品牌健檢，結果發現，會在網路上發聲的男生，特別喜歡挑事。不論三星出什麼產品，總是會有一定量的情緒性負面口碑，而產品規格也是一場無止盡的口水之戰。相反地，女性也買手機，但當時女性論壇討論手機的比例雖低，但並不會落入產品規格和國家情懷之爭，大多都是溝通設計和感覺。於是，經過反覆推敲後，決定後續溝通策略增加對女性的傳播，也於 2012 年請到田馥甄代

言 GALAXY Note II 手機，除既有的男性溝通族群外，增加三星品牌在女性媒體、論壇和網紅的露出。在按照用戶偏好設計宣傳平台佈局時，如果企業能夠認真傾聽消費者的聲音，了解他們的需求和偏好，並及時調整策略，企業就有機會在市場上取得成功。

面向新市場，戰略不變戰術變

大多數人，是沒有心力為了每一個市場，都設計一套新的戰略，而就品牌推廣的經驗來看，推廣戰略的確可以應用在不同市場，但品牌戰術就要按照新市場特性調整，例如，戰略上都是以線上網紅帶動線下臨櫃消費，就算面對新市場，只是確認線上網紅的類型與選擇，並不一定要顛覆原有的推廣戰略。

愛迪達在每個市場，都是金字塔行銷策略，第一層以其產品優勢和品牌光環，吸引運動員簽約；第二層讓愛迪達的品牌識別出現在頒獎台上，吸引更多人的目光，也增進週末運動者和業餘運動員的信賴和嚮往。第三層則是扎根到運動場所，吸引主要會購買產品的一般運動族。

這套邏輯自 1984 年以來一直是愛迪達的首選策略，他們會根據新市場的特性和文化來適時調整品牌戰術，以在新市場中取得成功。這種靈活適應的調整，可以確保品牌在不同市場中保持一致的品牌價值，同時適應當地的需求和文化，從而贏得市場份額。

跨市場的品牌經營

　　管理既有市場和新市場的難度，確實不亞於跨國集團管理多國家的複雜性。當你準備好不同市場的推廣計劃後，下一步要關注的是追蹤表現並確定推廣的阻礙，然後提出解決方案並執行這些方案。

　　在當今時代，作為一個需要綜觀全局的管理者，越來越需要外部支援，以幫助建立一致性的成效管理模式，這樣你可以在兩個迥然不同的市場之間進行判斷和應對。同時，你需要準備好啟動優化的判斷基準。

　　優化的判斷基準，可以是基於數據的追蹤和評估，以確定推廣活動的效果和回報。這可以包括監控銷售數據、市場份額、消費者反饋、市場調查等。通過對這些指標的分析，你可以判斷何時需要調整推廣策略，提出改進方案並加以執行。

　　跨國集團的亞太區行銷經理，管理的可能包含台灣、日本、泰國等多個國家的目標、預算、策略、執行和優化，在不同市場

間，要保持品牌一致性，也要兼容各地文化性，要能建立品牌形象，也要推動產品銷量，要能配置足夠預算，也要適時調整資源。

固守單一國別市場的行銷人員，管理的是同市場中的不同分眾，確定同一款產品在賣給不同男生和女生時，能保持品牌的一致性，也能兼容男女文化性，一方面能建構品牌形象，也可以讓男生和女生都願意購買手機殼。品牌宣傳時，要避免用詞牴觸不同分眾的文化，造成反效果。這個過程，與跨國集團的亞太區行銷經理，是相當雷同的。

■ 經典品牌架構

在思考要不要為新市場設立新品牌時，最常被翻閱的架構理論，就是品牌架構（Brand Architecture）。最經典的架構分為強勢母品牌、附屬品牌、背書品牌和強勢子品牌等四個架構。這四種架構的運用時機，對行銷人員數量、品質和行銷預算的需求，都有差異。

強勢母品牌（Branded House）

當品牌已經用同一產品滿足其族群的特定需求時，有一種成長策略，是滿足同一族群的衍生需求。

例如：當 FedEx 以快遞為核心，在 1971 年成立時，只是要提供客戶隔日抵達的包裹或文件服務，1973 年以曼非斯（Memphis）為基地展開正式營運。接著同一個訴求和服務，因

應全球各地的需求，陸續開設不同地區的辦事處，1984 年將據點展開到歐洲和亞洲。一直到 1998 年之前，FedEx 都鎖定在隔日抵達的包裹和文件服務，但隨著快遞市場的飽和，FedEx 才開始提供其它服務，並於當年收購提供公路貨運服務的 Caliber，此時的 FedEx，才從航空貨運的服務，延伸到公路貨運。迄至今日，FedEx 陸續針對商務客戶的需求，衍生出以下的服務，其中包括協助行銷、資通、客服、財務和技術支持的 FedEx Service、提供列印、電腦租賃、包裝和企業辦公室服務的 FedEx Office、提供整體物流解決方案的 FedEx Logistics 等（如圖 1.15），而所有的子服務，都是建立在 FedEx 快遞服務的核心上。起初子服務的產生，也是因應 FedEx 快遞服務的客戶需求。所有子服務都是以 FedEx 為大字，子服務都是掛在右下方的小角落，而客戶採用子

· 圖1.15：FedEx Logistics LOGO設計
· 資料來源：FedEx

服務時，多半也是基於對 FedEx 的信任，而願意採用其他子服務。

這類框架，可讓 FedEx 在人們心中建立的品牌資產，延伸到子服務，增加生意機會，但同時，若任何一個子服務產生問題，也會直接影響人們對於所有服務的信任感。

附屬品牌（Sub-brands）

當品牌在形象或產品面，具有一定特色，而同一個特色，是可以拓展到不同族群時，屬於適合採用附屬品牌的時機點。

舉例：樂高從 1936 年創立迄今，提供的產品都是樂高磚（Lego Brick），以相同的組合邏輯，可組成千變萬化的形狀，初期的樂高，提供元件讓使用者自行組裝，直到 1955 年，創辦人之子 Godtfred Kirk 才統整各種玩法，建構了樂高系統。當樂高已經在玩具類別，佔據一定市占率後，不免會思考各種的成長策略，而他們在 1978 年開始，就推出城堡、城鎮的主題樂高，試圖讓喜歡城堡、城鎮的人們，也產生組裝樂高城堡的興趣。自該年開始，樂高除了提供元件，固守原有愛組裝和發揮創意的人群，陸續推出不同主題，吸引對不同主題有興趣的人，加入樂高的行列。

在這過程中，樂高的系統和元件是重要的，但也必須兼顧到各個主題的特色，隨著時代演進，樂高除了主題商品外，也發展出教育、科技等子系列。為了能兼顧彼此，就創造出兩個位階相似的品牌架構，在忍者系列的商品中，母品牌樂高的識別，與忍者的識別（如圖 1.16）是相同重要的，並不會有 FedEx 的附屬關係。

· 圖1.16：LEGO的忍者系列
· 資料來源：維基百科

背書品牌（Endorsed Brand）

　　品牌已經瞄準一種大眾化的市場需求，但在此大眾市場下，不同分眾的差異性明確，為了追求成長，品牌就會從這一市場需求中，推出不同的產品，以試圖填滿此需求的市場份額。在精簡行銷資源的前提下，母集團會集中資源，建構對此一市場族群對於母品牌的信任度，才能引流到不同子品牌。

　　例如，萬豪集團（Marriott Corporation）就是此一架構的經典案例。萬豪集團於 1927 年成立之初，是提供餐飲服務，直到 1957 年才正式開啟旅館事業，當集團重心轉至經營旅館事業後，萬豪集團就持續針對不同需求的旅行者，打造不同的住宿體驗，包括給省錢自駕旅行者的雙子橋汽車旅館（Twin Bridges

Motor Hotel）、追求高端服務體驗的麗思卡爾頓酒店（The Ritz-Carlton）、設計給商務旅行的萬怡酒店（Courtyard）和為千禧世代設計的風格商務辦公的 Moxy。

針對不同的子品牌，萬豪以集團資源，打造萬豪旅享家（Marriott Bonvoy）的會員方案，吸引人流加入萬豪會員。我去參加位於里斯本的全球網絡峰會（WebSummit）時，中途轉機英國的那幾天，因為要約客戶開會，就選擇了一個晚上約莫新台幣 1 萬元的迪克森塔橋傲途格精選酒店 (The Dixon, Tower Bridge, Autograph Collection)，而最終抵達里斯本時，因為需要整理每天的學習心得、並與客戶開視訊會議，我不需要太奢華的大廳和居住設備，只需要有好辦公的場所和背景新潮的視訊會議空間，這時，每晚新台幣 4,000 元左右的 Moxy Hotel，就成了首選。

此時品牌架構的設計，就偏向於強化子品牌的特色，在此特色之上，也讓消費者可以清楚識別到該品牌與母品牌的隸屬關係。如圖 1.17 所示，萬怡的特色呈現於中，而萬豪就在第二層次，只是讓用戶可以知道萬怡也是屬於萬豪集團，這樣即可。

強勢子品牌（House of Brands)

有種品牌成長策略，是讓客戶以為自己有得選，但其實，貨架上都是我的產品。寶僑（P&G）和聯合利華，就是以強勢子品牌的方式，營運整個公司，而選擇此一架構時，需為每一個子品牌，配置足夠的人力和預算資源，才能更彰顯個別品牌的特色。

當你要選購洗髮精時，海倫仙度絲、CLEAR 淨、LUX 麗仕

・圖1.17：萬怡酒店LOGO
・資料來源：1000 LOGOS

和 Dove 多芬都是隸屬於聯合利華底下的品牌，但從貨架上的包裝，是看不出他們同屬於聯合利華，各自品牌都有獨特的品牌特性和產品訴求，當你在猶豫該選擇自然的洗髮精或是抗屑成分，其實都是他們的。在這個選購過程中，客戶想要的是根據自己需求，而有很多不同的選擇，母集團的信賴感相對不重要。也因此，在正面的品牌識別上，強調的會是該品牌的特色，而不露出母集團的識別。（如圖 1.18）

常用的品牌架構（如表 1.19），各有優缺點，對外是建立形象的主要標的不一樣，行銷預算要以主品牌或子品牌為主，各有資源配置的不同，而這個配置，包括到獨立的媒體預算、人員配置、內容創造團隊、合作夥伴和會員系統等。對內則是後勤系統的配置不同，包括財務系統、供應鏈和產品創新流程等。當你身

· 圖1.18：聯合利華旗下子品牌CLEAR淨
· 資料來源：聯合利華官網

	成長策略	舉例與說明
強勢母品牌 (Branded House)	發展同一族群的衍生服務	例：FedEx為快遞客戶，發展服務、物流等服務。 說明：由母品牌統籌整體傳播作業，品牌識別會明顯大於子服務，當母品牌要推出子服務時，子服務受益於母集團的形象資產，獲得一定的信任度和流量基礎。
附屬品牌 (Sub-Brands)	同一套模式不斷跨界，增加用戶多樣性	例：樂高以主題系列，吸引更多不同興趣族群。 說明：母品牌具有鮮明的形象，將母品牌形象帶進不同產業，子品牌也有自己操作的空間。
背書品牌 (Endorsed Brands)	為同一需求的客戶，設計不同類型的產品，佔領此市場份額	例：萬豪集團對不同旅遊需求者，設計不同商品。 說明：由集團統籌財務行政等事項，甚至包括會員管理系統，但為各子品牌打造明顯的產品定位和主攻客群，母集團會致力於吸納更多廣泛族群，為子品牌增加流量。
強勢子品牌 (House of Brands)	在通路優勢的前提下，讓有需求的用戶，自以為有得選	例：聯合利華推出自然、抗屑洗髮精，佔滿洗髮精的貨架。 說明：各品牌需具備自己的行銷人員，幫著各品牌建構明確的市場區隔。

· 表1.19：常用的品牌架構

為集團角色，在管理不同子品牌時，需要一套數據管理的體系。當你身為子品牌管理者，要確保鎖定的不同分眾，最終能達成子品牌的營業目標時，也需要一套數據管理體系。

■ 跨市場管理的關鍵指標

數據管理體系分為三個階段，第一個是前期的制訂成功指標，第二個是過程中的優化策略，第三個則是品牌聲譽管理。

制定成功指標

成功指標應以商業指標為依歸，根據年度商業目標，細化為每階段及每分眾市場應達成的目標，透過年初的設定，為品牌更系統性地配置預算規劃。

舉例：在奧美期間，進行各大品牌的年度行銷提案時，品牌內部會先設定明年度的重點商品，對代理商進行一次性的簡報說明，簡述品牌過往的成績、整年度重點產品檔期規劃和日常維運的期待。

針對 2022 年的汽車品牌提案，多數都是以電動車為重點檔期，但對於會接受電動車的人群樣貌和規模，的確都缺少具體的描述。

每個經營多年的品牌，在市場上建構的形象，都會吸引到特定某群人。根據某品牌的品牌資產，分析師進行研究時，將其可瞄準的族群分為三群人：一是該品牌既有車主（約莫 37 萬人）、

二是預計換車的汽油車主（約莫 200 萬人）、三是支持環保的台灣人（約莫 610 萬人），這三群人的策略目標分別是，讓既有車主不要被別牌電動車吸引走、讓要換車的汽油車主考慮本品牌、讓支持環保的台灣人對本品牌產生偏好。這三個族群的規模不同，所要規劃的預算和動用的資源都不同，最終，就在年度計畫中，按照此三個階段，逐步執行，也逐步設立成功指標。

優化策略的數據支持

待設定成功指標後，執行中，須配置支持戰術優化的數據，協助調整執行過程的資源配置優化，按照不同企業賦予行銷任務的不同，就會設計不同的儀表板，來協助優化。

舉例：跨國企業中，在地辦公室常要繳交許多報告，協助上層管理者掌握局勢，在許多本土企業看來，會想要將產出報告的心力，花在銷售力道上，所以寧願將研究、報告的預算，換成媒體投放預算，殊不知，這些投資，是有其必要性的。

在管理多個事業部時，彙整經整理過的市場數據，動態調整每週成效指標，讓決策者能決定下週的資源配置，這是跨國企業中常見的管理體系。過程中，根據數據反饋，可棄守當下無法成功的分眾市場，待此次活動後，再調整此分眾的整體戰略；同時，將資源配置到有機會表現更好的分眾市場，確保該次活動仍能達成整體目標。

若是在盲目無數據的過程中，你只能等待活動結束後再優化，一來沒有立即修改的必要性，二來執行團隊的記憶沒這麼清

晰，活動結束後一個月的結案會議，多數學習建議都是要給下次類似活動使用，而多數與會人員的心情，早已不在學習經驗，而在策劃下一次和避免被責怪，過程無數據的結果，就會大幅降低改進的效率，也造成更多隱形預算的浪費。

品牌聲譽管理

　　另一項最值得注意的指標，就是品牌聲譽管理，由於執行過程中會增加媒體曝光量，也連帶的讓喜歡你和不喜歡你的人，都更加關注到你。若僅推廣既有市場，或許你在應對負面評論上會有十足的經驗，但若加入新進市場時，就需要更密切觀察品牌慣用的溝通方式，是否會引來新市場分眾的反感。畢竟沒人想因為這些反感，而犧牲了發展產品、市場調研、推廣行銷和營運的努力，這也是品牌聲譽管理的關鍵點。

　　舉例：品牌常會透過網紅行銷，來為自己拓展不同的族群，效果好的時候，會為品牌帶來知名度和業績，然而一旦網紅本身也引發許多爭議時，品牌合作的影片，瞬間就會為品牌招致不明的抱怨。某手機品牌當時在跟理科太太合作時，就卡在這種猶豫。

　　理科太太崛起時，是市場上炙手可熱的網紅業配人選，但由於視聽環境的改變，理科太太也在自有平台遭受到不同意見。此事引發許多客戶，對於整體性的網紅合作產生猶豫。一方面想透過理科太太，接觸一群非既有的族群，另一方面，也很擔心品牌被負面事件牽連到。於是，為了設定事先預防的警戒線，分析師反查當時第一線眾多網紅頻道的常態負評比例範圍，並按照此數

據設定品牌合作的負面比例警戒線。當時分析得出 10% 的警戒值，代表若從數量的警戒值來看，與知名網紅合作，當網紅負評比例超過 10%，品牌需啟動應變措施，以管理品牌聲譽，但若沒有超過 10%，也須觀察質的變化。

■ 數據化優化管理帶動企業成長

單一市場的管理，或既有生意模式的糾錯，相對是較簡單的，可透過直覺判斷一切行動，一旦變成多個分眾市場管理、多品牌管理、多產品管理或多國別管理時，必定要先花時間設定成功指標，並事先推演可能的戰術變化以及管理好品牌聲譽。跨國性品牌願意投資在數據化管理並非是預算浪費，而是像福特、賓士、雀巢、歐萊雅或麥卡倫等跨國集團，都體會到過程優化的重要性，為避免在執行階段浪費資源，而將預算放置在前期指標設定。從蔡鴻青博士所著作的《百年企業策略轉折點—活下去的 10 個關鍵》一書中，簡介 10 個國際品牌的關鍵轉折點，你就會知道，百年品牌並非不用追逐業績，業績仍然是百年品牌生存的關鍵，只是他們懂得運用一套管理方式，協助企業聚焦在可帶動企業成長的方向。

　　從跨國企業的失敗經驗，各行銷傳播企劃的彙整乃至跨市場的品牌管理，從當地市場分析、用戶研究到跨國成效管理，從歷史的足跡來看，在以往市場數據不易取得時，決策者需要花許多時間等待團隊收集數據，現在已經不同了，當市場數據取得成本降低，8週就能完成7個國家的用戶調研，信箱收件夾每日可收到12國的網友反饋，決策者就能快速獲得洞察，加速決策流程。不論是在選擇目標市場、釐清用戶對象、進行推廣活動或宏觀成效管理上，都能提升不少效率。

　　從每年產出800份以上的報告經驗中，我發現市場數據可以幫企業快速的「選市場」、「找對象」和「做推廣」，先從市場數據中，找到最有成長機會市場，接著了解市場中的對象，企劃完成後，就是進行推廣與優化的作業。

　　本書的第二章到第四章，將著重於如何透過不同面向的市場數據，為品牌找到一個具備成潛力的市場，也就是「選市場」的思維與數據，第五章則會簡要地說明市場數據如何運用在「找對象」和「做推廣」。

數據紅利

規 模 估 算

以市場數據證實
的確有商機

研究市場規模的方法與你預計要進攻的方式有相當大的關係。全通路佈局的品牌，會從產品、用戶數或市場接受度評估市場規模。而近期最熱的跨境電商，則多以網路銷售數據初步估計自己的市場規模。本篇文章將針對產品、用戶、電商和跨境四個角度，分析市場規模的研究方法和個案解析。

產品導向

產品分類與市場定位的重要性

如果你剛進汽車行業，常常會聽到 A Segment 這個市場的競爭如何，如果要在 D Segment 勝出，我們預計引用的車款是什麼。

我曾經很好奇，為何每個行業都要有獨特的產品分類法，這是不是每個行業中，刻意對初來乍到的菜鳥，準備好的震撼教育吧。

當我回溯汽車行業的分類方式時，發現歐洲執委會在 1999 年 3 月 17 日曾發表一份《針對現代汽車收購起亞汽車之說明書》文件中（如表 2.1），有提到汽車的分類方式。在該文件的第二頁中的第九條說明中指出：執委會按照引擎、車長等條件，將非商用的汽車分為 A、B、C、D、E、F、S、M、J 等七類，但在緊接的第十條條文中，也具體說明了產品導向的定義，對產業內參與者的重要性。它提到「除了汽車的尺寸或長度之外，其它因素模糊了各個車款系列之間的界限。這些因素包括價格、形象

歐洲車分類	範例
A級車，迷你車	Chevrolet Spark, Fiat 500, Kia Picanto, Suzuki Alto.
B級車，小型車	Ford Fiesta, Kia Rio, Opel Corsa, Peugeot 208, Volkswagen Polo
C級車，中型車	Honda Civic, Hyundai Elantra, Ford Focus, Toyota Corolla, Volkswagen Golf
D級車，大型車	Ford Mondeo, Toyota Camry, Peugeot 508, Mazda6, Volkswagen Passat
E級車，行政級車	Chevrolet Impala, Chrysler 300, Ford Taurus, Toyota Avalon
F級車，豪華車	Audi A8, BMW 7 Series, Jaguar XJ, Mercedes-Benz S-Class, Porsche Panamera
S級車，運動車型	Bugatti Chiron, Lamborghini Aventador, Porsche 918 Spyder
M級車，多用途車輛	Kia Venga, Ford B-Max, Opel Meriva, Fiat 500L
J級車，SUV	Daihatsu Terios, Ford EcoSport , Peugeot 2008, Suzuki Jimny

・表2.1：汽車的分類法
・資料來源：維基百科

和額外配件的數量。此外，隨著品牌提供更多選項（如 ABS、氣囊、中央鎖等）在小型車上，也讓傳統的車款系列分類方式，界線越來越模糊。因為除了引擎和車子尺寸外，客戶選擇汽車時會結合品牌、尺寸、設備和價格等參數。」

　　而為何執委會仍然要頒布汽車的分類方式呢，為何不讓市場自然而然地分類？在同一個條文中也提到：「行業通常使用車款做為分類方式，並且仍然認為它是市場定位的重要指標，其原因是這個產業仍需要有一個約定成俗的方式，來定義自己的產品。

數據紅利

但有規範可協助品牌定義不同產品所屬定位和類別時，汽車品牌的團隊，才有辦法進行價格、技術和工程的研究，並從中發展對應的創新產品。該文之所以要闡明非商用車的分類方式，主旨在說明現代汽車收購起亞汽車，並不會造成市場過度集中。

這一段清楚地解釋了為什麼每個行業都需要自己約定的方法來定義產品類別，因為以產品為導向的定義，企業內部產品的研發方向、市場規模和營銷都可以在行業中得到規範。因此，今天大多數行業仍然沿用產品導向的定義，例如在咖啡產業中，就有以下幾種分類方式：

①按照類型分

即溶咖啡、研磨咖啡、全豆、混合和其它。

②按使用類型分

家庭使用或商業使用。

③按等級分

80 到 84.99 分，85 分到 89.99 分，90 到 100 分。

就算是產品導向的分類方式，有許多產業，仍然沒有一定的分類方式，而前進新市場時，或許不容易理解新市場的定義方式，但產業報告，絕對是絕佳的參考指南，透過產業報告中的分類，可協助自己團隊聚焦於研發、銷售、推廣和成效追蹤。當 2021 年杭州有個麥克筆的品牌，想要重新理解麥克筆市場時，我們就從國內外不同的產業報告中，理解全世界在分眾麥克筆的分類方式，以及市場規模預估。

■ 麥克筆的市場規模

　　當創立於杭州的普慶文化，在主品牌成長到一定程度時，看到市場上對於高價且高品質產品的需求，想做出一個高單價麥克筆，這時，該如何確認新產品的定價和市場規模呢？

　　2021 年，正值旗下品牌米婭的創業第九年，前九年透過產品創新和通路的鋪設，攻下很好的市場基礎，這九年米婭憑藉著四位美術生創辦人的意志和創意，專注於經營美術相關大學考生的果凍顏料。創新的產品設計理念，讓考生可以在一整天的練習之中，減輕許多清洗顏料的負擔。但看到日本麥克筆品牌—COPIC，一支麥克筆的售價可高於競爭品牌五倍之多，在天貓商城上，不舉辦促銷活動，也可維持穩定的銷量。這樣穩定的銷售量且不用追逐檔期的品牌時，米婭決定投注心力，以高價的麥克筆，為自己創造未來十年的第二成長動力。只是，這也代表經營團隊必須從原有的舒適圈中，跳離到另一個產業，而在這個新的產業中，究竟該怎麼佈局呢？

　　許多創業者也遇到相同的情況，在原有產品的銷售和成長達到高原期時，會開始勘查市場上的商品，找到對標商品後投身嘗試，而中間最糾結的關卡，就是對於新商品的市場，會卡在熟和不熟之間，不確定是否要尋求市場數據的驗證，抑或憑直覺衝下去。

　　就麥克筆而言，它仍然屬於美術用品的範疇，對四位美術生創辦人而言，屬於熟悉的產業；但另一方面來看，高價的麥克筆

是四位創辦人都沒有接觸過的市場。直覺判斷之下，似乎不會是學生族群買來天天使用的產品；若是定位到藝術家族群，雖然天天都需要跟畫室的老師接觸互動，但也從來沒計算過這群人的市場規模有多大，這方面，就是個不太熟悉的領域。

這一切，還是由數據來解答，比較準確且有效率。

為了提供全局的樣貌，SoWork 團隊先從產業報告著手，協助品牌從產品導向的切分方式，了解不同分類下的市場規模。

根據 2021 年的中國製筆行業協會報告中指出（如圖 2.2），全中國的麥克筆市場，總產量從 2018 年的 70 億支成長到 2020 年的近 90 億隻，其中 52.18% 是油性麥克筆，水性麥克筆則占有 47.82% 的市場占有率。多數的麥克筆生產區域都鎖定在廣東、浙江和江蘇三個地區。而消費的市場較為平均，江浙滬、京津冀和閩粵都佔據市場約 20% 的份額，整體而言，則是以經濟發達地區為主，且其類別為辦公用途的麥克筆，與品牌主想推廣的美術用途麥克筆截然不同。

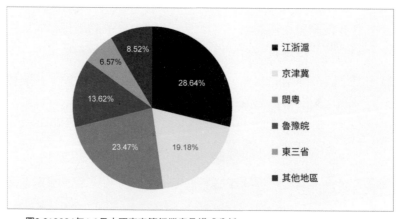

· 圖2.2：2021年1-9月中國麥克筆行業產品構成分析
· 資料來源：中國製筆行業協會報告

當理解到主要市場鎖定在經濟發達地區後，接下來就要從產業分類的角度，了解高價位是否有其市場以及潛在的客群。（如表2.3）

價格(元/支)	10元以下	10-20元	20元以上
高階產品	-	21.20%	78.80%
中階產品	12.80%	67.40%	19.80%
低階產品	12.80%	26.50%	-

- 表2.3：2021年1-9月中國麥克筆產品價格區間佔比
- 資料來源：中國製筆行業協會報告

　　先從價位分析來看，在市場上的品牌，大致可分為高階產品、中階產品以及低階產品，從各自推出的產品來看，推出低階產品的品牌，沒有企業會同時用同一個品牌，推出20元以上的高單價產品；高階產品也一樣，企業不會用相同品牌，推出10元以下的低價產品。這給米婭相當好的啟發，在不突破市場接受度的前提下，本品牌在市場上若原先被定位在低階產品時，就不適合以同一個品牌，再推出單價超過20元以上的高階產品。當我們想研發一款新的高階產品時，就需要另起一個新品牌，才能迎合市場的接受度。只是單價20元以上的美術用麥克筆，市場規模是否夠大呢？

從產業分析數據可看到，人民幣單支售價 20 元以上的麥克筆在所有地區的銷售率為 20%，其中華東地區最高，為 24.6%。雖然 10 元以下的鋼筆也有相當大的市場份額，但整體看來，製作高品質高定價的麥克筆，的確是有其市場。而除了東北地區以外，定價在 10 到 20 元的麥克筆，則是市場消費的主流，只是這個範圍的競爭者也多。高階產品的銷售比例，雖然比 10 到 20 元的少，但競爭相對也較少，不失為值得嘗試的市場。（如表 2.4）

價格（元/支）	10元以下	10-20元	20元以上
華北地區	34.20%	42.30%	23.50%
華東地區	26.90%	48.50%	24.60%
華南地區	32.20%	45.20%	22.60%
華中地區	38.60%	40.80%	20.60%
東北地區	40.20%	38.50%	21.30%
西部地區	39.60%	43.70%	16.70%

· 表2.4：中國各地區產品價格區間占比
· 資料來源：中國製筆行業協會報告

接下來就是對研究目標人群，根據中經先略 2021 年的報告指出，麥克筆的使用者可以分為以下六大類，包括動畫設計、服裝設計。建築設計和室內設計、景觀設計和工業設計，其中服裝設計消費份額最大，達到 25.43% 的市場份額，工業設計位居第二，佔 17.43% 的市場份額。

在研究用戶對麥克筆產品的滿意度時，主要從功能、品質、包裝等三個方面進行考量。在這三個方面，超過 35% 的用戶最關注麥克筆的品質，而服裝設計最注重的是包裝。對於想開發高價麥克筆的品牌而言，品質和包裝就是最須關注的開發項目。

關於麥克筆的品質，品質會體現在手感、墨色、做工和用戶設計的過程中，這幾項，需要打敗市場同類競爭者，才能獲得高價位產品應有的體驗。包裝設計的投入主要會考慮高價產品的形象，但根據用戶反饋指出，只要能達到高價品牌應有的包裝品質即可，其他豪華或更細緻的包裝設計，不是以上六大類用戶想要的。

綜合以上從產業報告所得的數據，可知道以下六點結論：

①開發分類屬性

產業慣用分類，是將麥克筆可分為油性麥克筆和水性麥克筆。

②市場集中度

麥克筆的市場都多集中在經濟發達地區。

③市場規模

單價 20 元以上的麥克筆擁有 20% 上的市場份額，值得經營。

④多品牌策略

推出單價 20 元以上的麥克筆，不能用原有的低階平價品牌，要考量另外設計一高階或中階品牌。

⑤優先區域

按照產業的區域分佈來看，華東是高階產品需求最高的地區，其次為華北地區，產品的設計和通路佈局 [1]，可首要考量此二地區。

⑥產品開發策略

高階產品的要求，首要是品質、其次為功能，將品質做好了，才能滿足市場對高階產品的要求，而暫時不需開發麥克筆的特殊功能。

從產業慣用的分類，推估不同市場規模時，不僅確認高階麥克筆市場，能有 20% 以上的市佔率，而且也對品牌經營、產品開發和通路佈局，能有更全面性掌握。

■ 產業的市場規模，就從產業報告著手

要從產業面，研究市場規模、重整公司產品線、確認未來開發產品開發方向時，產業報告是很好的數據來源，光是從不同產

---

[1] 由於華北、華南和東北地區的乾濕度差異很大，會影響到書寫麥克筆時，墨水在畫紙上乾掉的時間，若是很慢才乾掉，一直會沾到衣服或手，也會影響到用戶體驗，這也是為何，在設計此類商品時，需考量主要進攻地區。

業報告的目錄，就可以理解市場上多數產業分析師的分類法，而不會自己定義出一個無法推估市場規模的分類方式。

例如按摩椅的廣泛市場，當搜尋「Massage Chair/ Market Research」時，你就會看到許多的產業報告，你可先隨意點選幾個產業報告，進去研讀彼此的目錄，就可看出不同分析師對產業分類的共通點。（如圖 2.5）

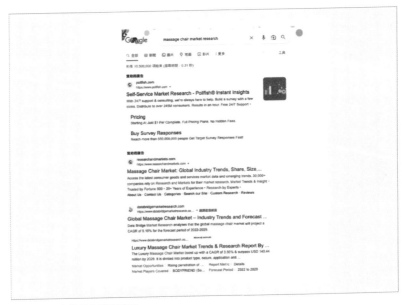

・圖2.5：產業報告搜尋業面
・資料來源：GOOGLE搜尋

看產業報告就像在看股票分析師的分析指南一樣，是在協助決策者聽取更多觀點，綜合成自己的決策判斷。以按摩椅為例，當你看到兩個報告，分別預估的市場成長規模是 5.69% 和 9.1%

時，就可反觀自己的企業，是否也能達到相同的標準。若你的成長率低於此標準，則可往下研究新的成長機會。（如表 2.6）

產業報告來源	Research and Markets	Data Bridge
市場成長率預估	2023-2028年 預估為5.69%	2022- 2029年 預估CAGR 9.1%
市場成長動力	工作壓力大，導致舒壓需求大增。同時，舒緩心肺壓力、增進血液循環和音樂放鬆、釋放賀爾蒙的需求，也增加的市場成長道	因女性在職場人口增加，按摩椅需求會增加，同時，市場也增加對減緩背部疼痛、舒緩心肺壓力和促進血液循環的需求
通路觀察	按摩椅的電商通路	按摩椅的電商通路
市場阻礙	沒有在公開資料提到	因按摩椅都需要一定空間擺放，居家空間的縮小，可能會影響未來成長
產品分類	傳統型與機器式	傳統型與機器式
產品類型	深層按摩椅、零重力按摩椅、特定部位按摩設備和其他	深層按摩椅、零重力按摩椅、特定部位按摩設備和其他
通路分類	專賣店、線上、零售超市和其他	專賣店、線上、零售超市和其他

- 表2.6：不同產業報告的差異比較
- 資料來源：Research and Markets以及Databridge

兩份產業報告都指出，工作壓力大，是造成市場需求增加的主因，細部來分，舒緩心肺壓力和促進血液循環將會是未來成長主因，因此未來在推廣按摩椅時，除了可廣泛地溝通舒緩壓力外，

也可試圖溝通舒緩心肺功能的按摩椅特色和功能設計，說明按摩椅是如何促進肺部吸收大量的氧氣，協助調整呼吸頻率，進而達到舒緩壓力的效果。而促進血液循環，則是透過按摩過程中，對於特定部位的按壓，就可幫助血液不流通的地方，更加順暢。在對外溝通或產品研發時，也可將小事放大，特別溝通自己的按摩椅產品，是如何精準地協助按壓到血液不容易流通的地方，以幫助血液流通。

兩份報告對成長動力較不同的解讀在於，Research and Markets 特別提到音樂放鬆、釋放賀爾蒙這兩件事情，是目前有看到的消費趨勢，而 Data Bridge 則著重在職場上女性人口的增加，針對這三個點，則是可當成對外溝通或產品研發時的測試素材。產品研發上，考慮將藍芽音樂結合產品設計，也可考慮開發「專為職場女性」設計的按摩椅，藉此增加成長的機會。

通路觀察中，雖然目前的通路分類，都是專賣店、線上、零售賣場和其它，但兩份報告都提及電商的重要性；對於從實體通路起家的按摩椅而言，賣場是很重要的生意來源，觀念上無法說服自己能從電商銷售按摩椅，但你也知道，在撰寫產業分析報告的分析師，多半都是對該產業有一定專業知識和研究深度的資深人員，當他們看準電商通路的契機時，必定不會是隨手胡謅，當然可以選擇忽略不看，但當按摩椅的電商時代真的來臨的時候，你能搭上順風車嗎？

在市場阻礙中，有一點很值得一提，就是居家空間變小的現況，畢竟按摩椅會佔據家中一定的空間，當多數人對按摩椅有一

種「佔空間、不常用」的印象時，未來推出的按摩椅或按摩產品，勢必得正面迎擊，雖然現在市場上的領導品牌，都有推出較小的按摩設備，但多數的按摩椅設計思維，仍停留在整套不好移動的框架中，若您能領先市場，重新針對居家空間小的環境，推出適切的產品，或許就能期待比市場更高的年複合成長率。當然，若您的按摩椅，原本就是走向高階且更完整的全身體驗，瞄準家中空間寬闊的家庭或辦公室，那你就必須再細看高階按摩椅市場的產業報告。

就產品分類方式，兩份報告的定義都相同，有深層按摩椅、零重力按摩椅、特定部位按摩設備和其他，而就其他產業報告來看，還可細分為智能按摩椅或高階按摩椅等不同類別。

相同的研究方法，還可以應用在美妝、半導體、電子煙、飲料、汽車、通訊設備和許多快消品當中，身為國際知名的跨國型企業，在進攻新市場預估新市場規模時，都會有其專屬的市場研究部門，分析整理相關數據，提供內部決策參考。就算是在特定市場，要開發新產品或挖掘新族群時，也會有專門的市場研究部門，進行相關的調研。這真的不是因為這些品牌資源多，而是他們知道，不經由研究就冒進，最後損失得會越多。

用戶導向

■ 用戶數據指引的新市場策略

　　管理學大師彼得杜拉克 (Peter Drucker) 在其經典鉅著《下一個社會》中指出，造成下一個社會的原因主要來自：人口結構、全球化和新科技發展。這本出版於 2002 年的書籍，之所以能成為經典，在於他預測的多數事情都成真。他提到，電商世代的來臨，將會讓傳統結構中，只「銷售自己製造的東西」，轉變成電子商務中，銷售「所有能交貨的東西」；也提到企業必須了解自己勢力範圍之外的事，而任何宣稱自己能完整掌握的企業，也都是不自量力，這也是為何專家和管理顧問會在未來有爆炸性的成長，而知識工作者的崛起，將在未來扮演很重要的角色。

　　書中種種的預測，都相當之準確，也相當具有權威性，例如電子商務的崛起，可從網路上的人力仲介平台（例如台灣的104、1111 人力網），看出端倪。知識工作者的崛起，可從公司委外業務的擴大，察覺出工作模式的轉變；彼得杜拉克的許多觀

察，都脫離不了對人口統計面向的觀察，也就是對用戶行為的推算。

舉例而言，看到 2023 年流行的生產力工具，就不免感佩彼得杜拉克的預測思維。他提到，當他在韓戰結束後，被派駐到韓國時，發現只要有適當的支持和訓練，不到十年，韓國就可以把純粹屬於農村的原始勞動力，變成具高生產力的勞動力。此時，已開發國家要如何維持優勢呢？答案就在知識工作者。他指出，未來三、四十年內，美國擁有唯一真正優勢，是一種不容易在一夜之間創造的東西，這就是大量的知識工作者。當市場上對知識工作的需求量變多，但知識工作者的生產力卻跟不上，那就代表市場有個提升知識工作者生產效率的需求。

在他的研究中發現，知識工作者的生產力，居然大大不如以前，因為他們的日程表上，充滿了無法反映他們訓練或才能的活動。美國護理師所受的訓練是全世界數一數二的，可是，每次我們針對護理師進行研究，就發現他們 80% 的時間，都花在非專業的事情上面，他們花時間填寫顯然任何人都不需要的報表，沒有人知道這些報表的下場，但還是得填，而這種工作就落在護理師身上。又像在百貨公司裡，銷售人員 70% 到 80% 的時間，不是拿來服務客戶，而是服侍電腦，今後的二十年，如何讓知識工作者更適切地發揮生產力，是大家必須嚴肅面對的挑戰。

對商人而言，當這是大家要嚴肅面對的挑戰時，就代表一種商機，無論運用人工智慧、大數據、使用者介面優化等等途徑，只要能協助知識工作者提高效率，就能成為一門生意。

用戶研究可用來預測成長，也可用來預測衰敗，由牛津大學哈爾福特・麥金德講座地理學教授—丹尼・道靈（Danny Dorling）於 2021 年出版的《大減速》（Slow Down）一書，他綜觀世界各地的人口統計數字，從中解釋為飛躍式的成長即將終結，品牌主應該特別留意的未來發展方向。

對尋找新市場的品牌主來看，能從用戶數據中，為自己找到新的市場方針，同樣的數據，也可為自己定義不該逆向而行的方向，這就是此節想與讀者分享的思維。

■ 推估用戶規模的四個指標

根據我從 2018 年至今服務超過 100 個品牌的經驗，衡量用戶時大致可以考慮四個指標：年齡、收入、品牌購買和用戶行為。

按年齡分佈觀察

年齡是一個由來已久的觀測指標，特定族群的人口數量是否增加將決定一個品牌的進攻策略，我在 2021 年有個早餐麥片品牌的提案，以瞄準 25 至 44 歲的女性，做為提升整體業績的核心客群。

團隊著手根據公開數據分析 25 至 44 歲女性人口的增減趨勢。要達到業績增長的目標，常用的方法不外乎兩種：一是增加新用戶的數量，另一個是增加現有用戶的購買金額。團隊基於未來行銷的轉化率不會發生太大變化的前提，提出了兩個假說（如圖

2.7）：當這個年齡段的人口增加時，我們使用同樣龐大的預算和溝通方式，或許能夠實現生產力增長的目標；相反，如果這個年齡段的人口減少，那麼增長策略又有兩種選擇，一種是增加預算，更積極地佔領競爭對手的市場，或者在預算規模相似的情況下，鼓勵現有客戶增加使用頻率，從而實現對客戶產品購買金額的提升。

經過內政部戶政司的女性人口統計資料顯示，從 2012 年到 2019 年，25 歲到 44 歲的女性人口，整體掉了 4%，就絕對人口數來看，從將近 372 萬的總人口數，減少到 354 萬人口，雖然總人口數只有減少約莫 28 萬人，但在每年新生兒人口減少的環境下，這個年齡段的人口，在未來幾年內，預計還會下滑，因為會

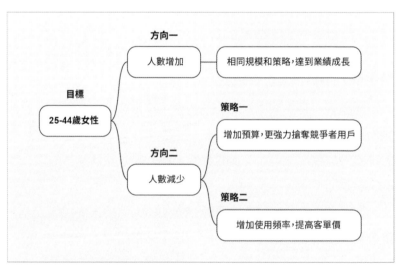

・圖2.7：年齡分佈的成長策略思維導圖
・資料來源：SoWork整理

有更多人超過44歲，屆滿25歲的人口數會越來越少。（如圖2.8）

　　根據這樣的思維，我給創意執行團隊的建議，就不只是業績成長的廣泛目標，而是如何透過增加客單價，達到業績成長的目的。

　　在詹姆斯哈金於2014年出版的《小眾，其實不小：中間市場陷落，小眾消費崛起》（Niche: Why the Market No Longer Favours the Mainstream）一書中，也有指出一個音樂產業的案例，他問到：「為何老歌手們紛紛復出江湖？」。

　　當音樂產業在2000年面臨連續三年衰退的時候，忽略了一個重要數據，那就是中年族群才是成長最迅速的音樂消費者。根

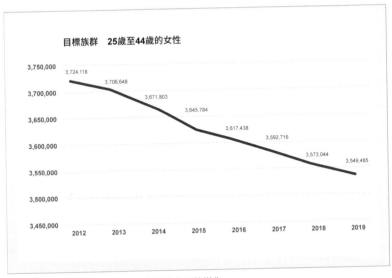

· 圖2.8：中華民國25歲至44歲女性總人口數變化
· 資料來源：內政部戶政司

據美國唱片業協會搜集的數據顯示，在美國高達 8,100 萬的嬰兒潮世代是不可忽視的消費力道，1994 年到 2003 年，美國 45 歲以上的消費者佔專輯銷售的佔比，從 15.4% 增加到 26.6%。40 歲以上的佔比，則從 7.9% 增加到 10%。相反地，同一時段內，15 到 19 歲的消費者佔專輯總銷量的比例，卻從 16.8% 減少到 11.4%。這個趨勢在其它國家也相同；於是，各國就掀起了老歌手復出的風潮。為了成長，原本一頭熱在尋找年輕商機的音樂產業，也發展第二條策略線—要收割嬰兒潮的成長紅利。

　　以上，就是透過人口趨勢變化，判斷成長策略的參考做法之一。

按收入高低觀察

　　提到以收入高低，推估市場規模，國際知名趨勢大師—大前研一不論在《M 型社會》或《一個人的經濟》等著作中，都在透過年齡、收入與花費意願等總體經濟的觀察，提出對未來政策的具體建議。

　　在 2011 年出版的《一個人的經濟》中，就有從數據面，給到讀者對於中產階級的想像，作者提到，以往日本企業講究高品質、高價格和高獲利，無論是在先進國家還是新興國家，都是鎖定高所得者，但如果從全球不同所得的人口結構來看，全年所得在 2 萬美金以上的高所得僅 1 億 7,500 萬人，而全年所得在 3,000 美金以上的中產階級，則有 14 億人，其中中國有 4 億、印度有 2 億、印尼有 8,000 萬人，光是這三個國家的中產階級人數，就是

日本總人口數的 5 倍。

　　若想了解日本的收入分布情況，日本國稅廳所發布的年齡階層別的平均收入統計數字，就可協助你快速掌握日本樣貌，從圖2.9可看到，日本的全體平均收入，到了 55-59 歲達到最高峰，平均收入可達日幣 518 萬，而到了 60 歲以後，平均年收入銳減日幣 100 萬元，因此，當你在販售高價商品給日本人時，你可以推估，55 歲以上的日本人，因為要考量到日後的收入減少，所以會對商品價格更為敏感，而若是針對25-44 歲的日本人而言，每年的收入都在增加，就會有更大的信心投資於高價或未來的商品。（如圖 2.9）

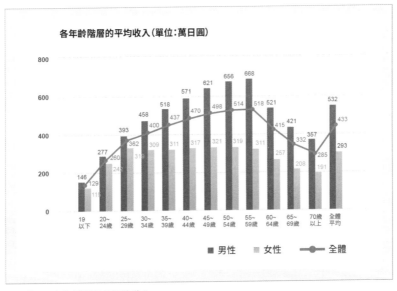

・圖2.9：各年齡階層的平均收入
・資料來源：日本國稅廳

另一個可同步比對的數字，是來自日本厚生省公布的日本各年齡層家戶收入統計（如圖 2.10），我們可看到，雖然 25 至 44 歲的日本人，年收入都在增加，但他們的平均家戶成員，約莫都在 3 個左右，而 29 歲以下的日本人，家戶成員約莫為兩個，同樣在推高價或未來性商品時，針對 29 歲以下日本人，可溝通更為個人使用的商品，而 30 歲至 44 歲的日本人，就可考量家庭成員數，而推薦更適合 3 人之家使用的商品。

項目	29歲以下	30-39歲	40-49歲	50-59歲	60-69歲	70歲以上
平均家戶年收入（單位:萬日圓）	433.1	636.3	721.2	782.7	578.8	418.8
平均家庭成員年收入（單位:萬日圓）	261.3	212.9	228.5	303.7	247	204.3
平均家庭成員數	1.65	2.98	3.16	2.5	2.34	2.04

・表2.10：日本家戶收入統計，按戶長年齡分
・資料來源：日本厚生勞動省

　　以上是日本市場收入的研究，而喜歡用收入研究目標族群的，還包括房地產以及金融理財，當時 SoWork 在協助房地產客戶思考收入高買屋族時，就從市調數據庫中，設定兩個條件：一是台灣人且家戶年收入超過新台幣 300 萬以上族群，此為廣泛的高收入族群，另一個對照組，則設定為家戶年收入新台幣 300 萬以上，且近半年有計畫要購屋的族群，從這兩個族群，看族群規模的變化。

從數據庫看，高收入族群人口數約為 29 萬人，預計買房的高收入族群，約為 2 萬人。若是僅針對有計畫購屋者，那就是跟其它房地產廣告，一起要競爭這群人的眼球。但如果能激發高收入族群產生買房的意願，那面對的人口就是 29 萬人。（如圖 2.11）

· 圖2.11：買房潛在族群人口數預估
· 資料來源：SoWork

從其擁有的資產類型來看，預計買房者的確擁有比較多元的資產類型，而且其中 67% 的人口（約等於 13,000 人），是會買第二間房子的。高收入族群，則是相對保守。當你是操作股票或投資基金者，你也可清楚理解，家戶年收入 300 萬以上的族群中，僅有 145,000 人左右，是擁有共同投資基金的，當您想進攻這群人時，就要選擇是應該往現有共同基金的人著手，強調自己基金與其它基金的不同，抑或是要瞄準尚未有共同基金的 53% 人群，鼓勵其嘗試透過基金理財。（如圖 2.12）

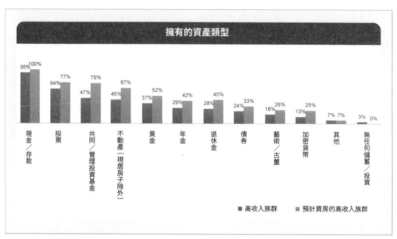

擁有的資產類型

- ・圖2.12：各族群擁有資產類型一覽
- ・資料來源：SoWork

再甚者，身為銀行財富管理的銷售推廣人員，透過數據統計，你可很清楚理解自己的競爭者是誰，銷售話術中，應該以誰為假想敵。在高收入族群中，有 60.1% 的人口，是與台北富邦銀行往來，其次為玉山銀行、中國信託與台新銀行。而高收入預計買房族，則是全部都有與台北富邦銀行及玉山銀行往來，其餘是台灣銀行和台新銀行。對於中國信託而言，或許已經有很強大的群眾基礎，但如何讓更多的預計買房者，可建立與中國信託的關係，近一步達到財富管理、個人貸款、房屋貸款等衍生商品的銷售機會，是決策者可進一步思考的。（如圖 2.13）

從收入預估市場趨勢的應用場景，還常見於投資、理財、金融及高價品，但要提醒的是，能收入跟願意支付價格，其實是兩件事。收入高的人，並不代表所有生活品，他都會願意支付比

・圖2.13：各族群使用銀行品牌一覽表
・資料來源：SoWork

較高的價格。一樣的有錢人，或許只願意買最便宜的車，但吃飯吃得很好，而收入較為一般的年輕人，卻可能願意花錢買名牌包，但住在很平價的小套房。在實務分析時，需慎重考慮願意支付金額和收入的差異性。

按購買品牌觀察

透過特定品牌的用戶數消長，可了解用戶在購買傾向的變化，甚至也可調整品牌自己在未來的主要敵人。

SoWork 團隊在 2022 年 4 月，就曾針對香港，發表一個科技品牌用戶趨勢報告書，根據市調的每季情報顯示，從 2021 年第一季到 2022 年的第一季，已入手蘋果（Apple） iPhone 的人口數，持續保持第一名，人數一直維持在 280 萬以上，持有三星（Samsung）的人口數則維持在第二名，其次為微軟（Microsoft）、

谷歌（Google）。（如圖 2.14）

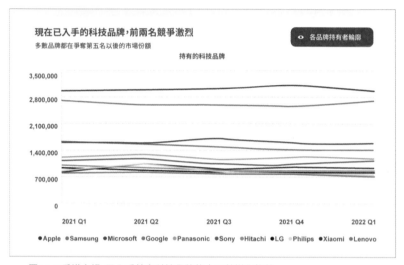

・圖2.14：香港市場，已入手特定科技品牌的人口數變化趨勢
・資料來源：SoWork

　　若細部分析前四名已入手的科技品牌排行，可發現蘋果（Apple）雖然維持第一名，但到了 2022 年的第一季，卻有一個大幅度下滑的趨勢，而同時期的三星（Samsung），則是拉近了與第一名的距離。（如圖 2.15）

　　若從排名第五名到第八名來看，在這幾個季度的比較下，日系品牌相對掙扎，松下電器（Panasonic）、索尼（Sony）、日立（Hitachi）都面臨用戶下滑的現況。相反地，樂金（LG）則是在2021 年第四季度開始反彈，甚至能在 2022 年第一季度持平用戶數。（如圖 2.16）

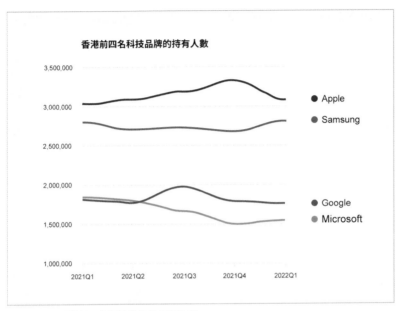

香港前四名科技品牌的持有人數

- 圖2.15：香港前四名科技品牌的細部比較
- 資料來源：SoWork

　　從以上數據得到一個小結，在整體經濟環境不佳的 2022 年，用戶的確更偏好於實惠評價的品牌，若高價品牌的確遭遇挑戰，卻不想推出平價版的產品時，就必須好好緊縮成本，撐過這段不知終點在何處的時間。而中低價的商品，就可在未來，乘勝追擊。聯想（Lenovo），就收割很好的成果。

　　進一步對比兩個年度的第一季表現來看，聯想是成長比例最高的品牌，其次為小米（Xiaomi），蘋果（Apple）和三星（Samsung）在較大的用戶基礎上，雖有正成長，但都是個位數的成長。衰退幅度最大的品牌，則是日立（Hitachi）、飛利浦

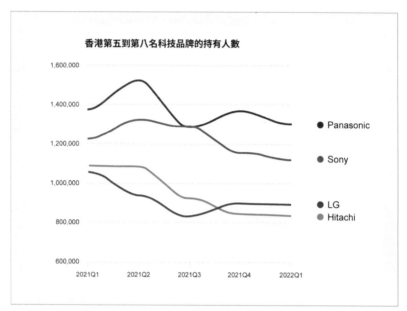

· 圖2.16：香港第五到第八名科技品牌的細部比較
· 資料來源：SoWork

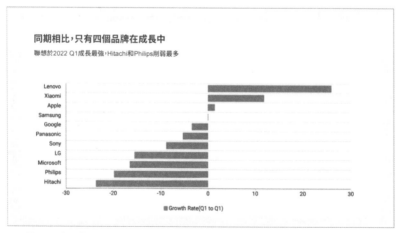

· 圖2.17：各品牌用戶數消長比例
· 資料來源：SoWork

（Philips）和微軟，這不禁也讓分析團隊好奇，聯想（Lenovo）和小米（Xiaomi），是如何達到此成長？以及，此成長是純粹靠通路產品價格的溝通，或是仍有品牌溝通的成分？而衰退中的日系品牌，是人們真的不想要了，還是礙於價格沒有入手而已？於是，分析團隊就更近一步去「想要擁有」指標。（如圖2.17）

　　從下一個想擁有的科技品牌統計中看到，大致也分為三個族群，分別是前段班的蘋果（Apple）和三星（Samsung），中段班的松下電機（Panasonic）和索尼（Sony），以及後段班的其它品牌。前段班的分析中，看到三星（Samsung）的距離與蘋果（Apple）其實很接近，甚至還在 2021 年的第二季，超車蘋果（Apple）。後段班的競爭，也是相當的激烈。（如圖2.18）

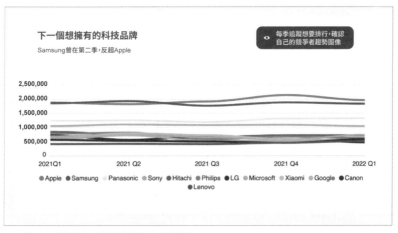

・圖2.18：想要擁有的科技品牌用戶數變化
・資料來源：SoWork

當不容易從個別數據，找到品牌行銷、產品行銷、用戶增長的對應關係時，SoWork團隊就獨立出「已經擁有（Own）」與「想要擁有（Want）」的兩個指標，交叉分析其兩年的第一季度消長比例，結果的確很令人意外（如圖2.19）。想要用戶數增長比例最高的，是聯想，增幅超過20%，回顧當時聯想的推廣手法，可看到當時聯想推出的專門店消費獎賞，應該是成功打造出閉環體系，讓被行銷宣傳促動的用戶，在比價比規格的時候，還能選擇聯想，也成功將「想要擁有」的用戶轉換為「已經擁有」的顧客，同時觀察聯想集團的財務報告，可看到聯想集團在2022年第一季的業績，連續九季實現了營業額和獲利能力的提升，第一季淨

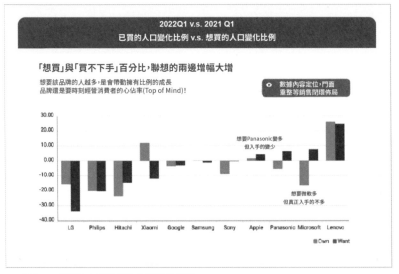

・圖2.19：想要擁有與已經擁有用戶數趨勢
・資料來源：SoWork

利潤額比 2021 年同期提升近 11%，透過對數位化、智慧化轉型加速和混合工作帶來的成長機會，持續為聯想帶來很好的市場紅利。

以相同方式，對比想要增長率第二名的微軟（Microsoft），在行銷推廣的推波助瀾下，想要擁有微軟的人持續增加，但 2022 年第一季，擁有微軟的人變少了，一來是既有用戶的流失，二來是新購買的人也變少了，若你是在經營與微軟 Microsoft 365 類似服務的品牌，這時或許是進攻「最後一哩路」的好機會，當微軟持續炒熱市場需求時，可以鎖定對微軟有興趣的消費者，攔截這份市場需求點，為自己賺取市場紅利。

而在所有品牌中，可發現「想要」的消長趨勢與「擁有」的消長趨勢大致相同，但小米（Xiaomi）卻逆勢突出，雖然想要小米的人越來越少，但擁有小米的用戶數卻有 10% 以上的成長。小米於 2021 年 3 月邀請設計大師原研哉再造其品牌形象，試圖用「Alive」的概念，提升整體生活感與質感，希望讓擁有「小米」的人跟「貪小便宜」的形象脫鉤，但從此數據來看，經歷近一年的努力，用戶尚未因此而想要「小米」，好在其通路、價格和產品的優勢強勁，而且市場對科技消費水平的減弱，剛好也讓小米有機可乘。雖然就結果論來看，小米仍然是成長的，但就品牌經營角度，似乎要將「Alive」的觀念更加貫徹到其銷售閉環中，著力在增加「想要小米」的用戶數。

根據阿里研究院歐陽澄副院長在其跨境電商的研究觀察指出，拉低水準均質化的競爭，已經不行，這個年代，要進攻新市

場時，仍要配置足夠的資源，為自己打造品牌形象，創造消費者想望的慾望。透過用戶數據，可看到競爭品牌或指標品牌的消費消長，從中找到市場未來趨勢，並在自己資源不足的情況下，找到大品牌疏忽的地方，擬定你自己可著力的進攻策略。通常，就是從用戶購買品牌的數據中，找到市場規模成長契機的思維。

按用戶行為觀察

數位女王瑪麗・米克（Mary Meeker）在 2019 年之前，每年都會發布網路趨勢報告，成為所有想掌握未來趨勢的經營者必看

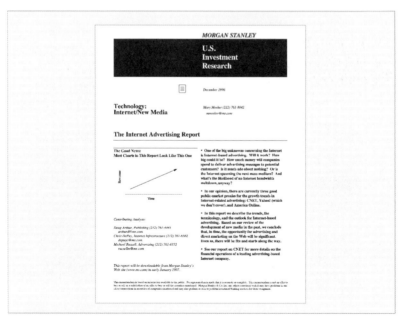

・圖2.20：1996年版的網際網路趨勢報告封面
・資料來源：Bond Capital

「摘要」的聖典，一份 333 頁的報告，能真的消化完的人，實在不多，那為何這份排版不佳、數據太多而又常常被快快講完[1]的報告，會這麼有影響力呢？此報告的影響力，是根基在瑪麗‧米克豐厚的矽谷網際網路創投經驗。1995 年網景（Netscape）的上市，她就是當時的領導者。1996 年起，開始發布《網際網路趨勢報告》（如圖 2.20），第一版的報告是以直式呈現，總共 144 頁，內容著重在網路廣告和媒體使用率的數據統計，從各個面向，提出對未來廣告生態的預測。

　　到了 2019 年的《網際網路趨勢報告》（如圖 2.21），內容增加至 333 頁，包括用戶、電商與廣告、使用率等，涵蓋 11 個項

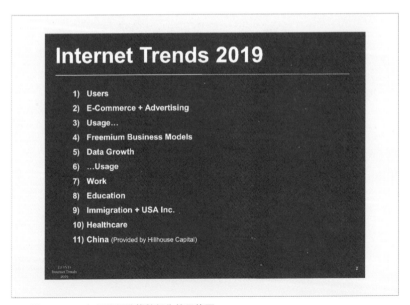

・圖2.21：2019年網際網路趨勢報告的目錄頁
・資料來源：Bond Capital

1 資料來源：IKEA官網，https://www.inter.ikea.com/en/performance/fy23-financial-results

目，雖然不容易解讀其邏輯，但也是一份很完整的網際網路報告。

　　提到瑪麗・米克的網際網路報告，是因為這份報告的趨勢預測，跟一般依據使用率、股票等市場數據不同，許多預測的基礎，是根據用戶的行為所提出的建議。當提到線上串流平台的進攻機會時，是根據 2BrightCove/YouGov 在美國、英國、德國、澳洲、加拿大和阿聯酋的統計，研究發現有 42% 的用戶，會因為有免費的試用機會，而嘗試新的串流服務(如圖 2.22)，其次則為豐富的內容，獨家性內容和良好的使用者介面，並串流平台新品牌所需專注發展的特長。後續也以 Zoom 和 Spotify 為案例，驗證此一趨勢。

　　其後的報告中，也從人們在不同社群媒體、不同裝置的使用時間消長，對於數位媒體的發展趨勢，點出關鍵趨勢。而在其過

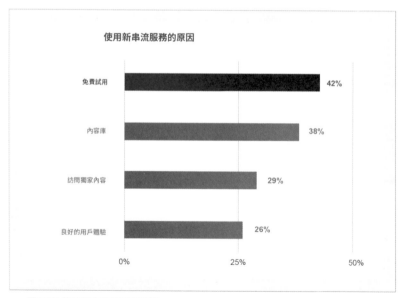

・圖2.22：使用新串流服務的原因
・資料來源：2BrightCove/YouGov

往的報告中，也從各種行為趨勢中，觀察到 Square 和 NextDoor App 的走紅潛力。

而同樣，以用戶行為預測未來趨勢和市場規模消長的，還有在 1992 年轟動全台的《爆米花報告》（The Popcorn Report）。稱為爆米花報告，跟內容並無關係，而是作者本人的全名是費絲‧波普康（Faith Popcorn），當時，她透過對用戶行為的觀察，提出美國未來的十個趨勢，驚人的事實是，以用戶行為觀察的市場趨勢，每一個都在 2023 年的這個世代，逐一被驗證。（如表 2.23）

	爆米花報告預測	時下的現象
趨勢1	一種繭居族的新人類，家是他們的堡壘	御宅族
趨勢2	活在現實，卻又渴望夢幻式歷險	一級玩家
趨勢3	受之無愧的小小放縱	小確幸
趨勢4	自我喜好是選擇商品或服務的基礎	演算法推薦
趨勢5	想逃脫現狀遠離都會，為自己而活	地方創生
趨勢6	人老心不老，為年齡與行為重新註解	熟齡世代
趨勢7	強烈地自我保健，不惜一切代價	保健產業的興起
趨勢8	消費者高度警戒意識促使廠商更人性化	使用者體驗學派
趨勢9	生活的多樣使人同時扮演許多角色	斜槓人生
趨勢10	SOS拯救社會將是人求生存必須採取的行動	SDGs

‧表2.23：爆米花報告與時下現象的驗證
‧資料來源：《爆米花報告》

◼️ 大數據時代的用戶行為推估

　　相對於 1992 年世代，現在人具備更多的大數據，可以更細緻地觀察細微的趨勢。如公益團體在疫情這幾年，也遭遇到極大的挑戰，雖然整體捐款數增加，但大多數都流向與疫情相關的作為，導致其它公益團體受到不小的排擠。公益團體在思考未來應對策略時，也跟商業組織一樣，需先釐清究竟該先著力在競爭市場上的偶爾捐款者，或是先專注在鼓勵既有捐款者捐更多？

　　2022 年年初，我研究台灣人數變化時，同時將歐洲和美國的人口，作為參考值，先從興趣來看，對公益有興趣的人口在三個地區都減少了，台灣是從 350 萬人口數，減少到 320 萬人，歐洲和美國也大致有 1%~2% 的減幅，但對公益興趣度的減少，是否真的有影響公益捐款行動呢？（如圖 2.24）

	2019	2020	2021 Q1 (台灣疫情逐漸擴散)	2021 Q2 (台灣三級警戒)	2021 Q3 (台灣降為二級警戒)
Europe	78.2M (19.2%)	75.8M (18.5%)	77.2M (18.5%)	76M (18.1%)	71.8M (17%)
USA	54.7M (23.8%)	54M (23.8%)	56.1M (24.8%)	53.3M (23.5%)	51M (22.4%)
Taiwan	3.5M (22.2%)	3.3M (20.2%)	3.2M (19.4%)	3.1M (18.8%)	3.2M (19.6%)

- 圖2.24：對公益有興趣人口變化
- 資料來源：Global Web Index (G.W.I) 市調資料庫：2019-2021

結果發現，從 2019 年到 2021 年第三季度的人數而言，台灣偶爾捐款的人數，從 1,280 萬人減少到 1,230 萬人，美國減少得更快，從 1.56 億人減少為 1.49 億人口，這兩個數字都符合「對公益有興趣」的人口數減少的現象，但在歐洲則不同，歐洲偶爾捐款的人口數，反而是從 2.63 億人增加為 2.66 億人。而我國統計數據中，最值得公益團體注意的數字，是不捐款的人口數，從 2019 年的 12.4%，增加到 2021 年第三季度的 16.7%。這也表示，在台灣捐款的人數的確減少了。（如圖 2.25）

	2019	2020	2021 Q1 (台灣疫情逐漸擴散)	2021 Q2 (台灣三級警戒)	2021 Q3 (台灣降為二級警戒)
Europe	263.1M (65.6%)	268.2M (65.5%)	273M (65.3%)	270.9M (64.5%)	266.5M (63.3%)
USA	156.9M (68.2%)	155.2M (68.3%)	153.6M (67.8%)	147.5M (64.9%)	149.2M (65.5%)
Taiwan	12.8M (80.6%)	12.7M (78.5%)	12M (73%)	12M (73%)	12.3M (75.4%)

⚠ 不捐款 12.4%-16.7%

· 圖2.25：近年捐款人口變化
· 資料來源：Global Web Index (G.W.I) 市調資料庫：2019-2021

當我們將同一時期的收入數字，拿來比對就知道，民眾捐款行為的減少，跟收入還是有密不可分的關係。如下圖所示，在美國，歷經了疫情的時代，但收入的減少是有限的，而在台灣，在三級警戒到降為二級警戒時，家戶年收入在 80 萬到 100 萬的人口

數，則是從 13% 降低到 11.3%。另外值得注意的是，在疫情不嚴重的那幾年，台灣人普遍重視的價值觀，是要追求平權社會，但在疫情來臨後的這幾年，「財務安全」已成為台灣人的普遍價值觀。（如圖 2.26）

	2019	2020	2021 Q1 (台灣疫情逐漸擴散)	2021 Q1 (台灣三級警戒)	2021 Q3 (台灣降為二級警戒)
USA	11.6%	12.9% (+1.3%)	13.1% (+0.2%)	14% (+0.9%)	13.5% (-0.5%)
Taiwan	11.7%	11.7% (±0%)	11.6% (-0.1%)	13% (+1.4%)	11.3% (-1.7%)

⚠ 對財務安全
關心提高

・圖2.26：重視財務安全的人口比例變化
・資料來源：Global Web Index (G.W.I) 市調資料庫：2019-2021

　　根據用戶行為數據，公益團體若仍要向一般民眾訴求捐款，溝通成本勢必會比過往高，在外在環境不佳的情況下，尋求內部既有捐款人的慷慨解囊，或許會是更實際的作法，且在參考美國和該公益團體的捐款資料時，也發現到在當地疫情嚴重時，捐款總金額的提高，主要是來自既有捐款人的大筆捐款，推估是本身生活條件中上的捐款者，才會持續願意捐款給公益團體，而在大環境不好的時候，這些捐款者也能感同身受，從公益團體的角度

思考，考量到公益團體這時的生活更不容易，也會因此影響到受捐助者，為避免受捐助者的困頓，因此而短暫性地提高捐款金額。

從用戶行為，能協助品牌觀察到社會整體趨勢，並從中研擬對策，保持品牌的成長力道，網路女王瑪麗·米克用用戶行為觀察未來選股、爆米花女士用用戶行為預測未來用戶需求、公益團體用用戶行為擬定成長的策略，那你呢？

電商導向

■ 進入新市場的敏捷策略

　　相對於全通路的佈局，佈局電商是進入不同市場時較敏捷的作法。透過電商平台的頁面調整，可以組合出面對不同市場的商品頁面。透過上架到亞馬遜，就可以跨足到不同市場國家。然而，對於許多未做市場研究的品牌而言，他們需要經過一段時間的測試，才能磨合出適合的產品組合和定價策略。對於一些品牌而言，即使他們嘗試過了，也無法確定是否要加重投資或者及早收山。

　　2022 年，富比世雜誌指出電子商務未來面臨的六大挑戰，第一個挑戰就是「利基市場選擇」。與實體通路相比，電商平台的競爭相對透明，消費者只需複製產品說明書文字，0.5 秒內即可找到上百種同類產品。品牌若對標到錯誤的類別，就根本沒有機會被搜尋到。再者，在搜尋結果頁中，當你的定價明顯不符市場需求，將直接被跳過。這就是為什麼大多數品牌在考察電商市場規模時，會關注兩個指標：「產品類型」和「價格區間」。舉例而

言，手機支架一向是紅海市場，網路價格很透明，功能訴求很雷同，消費不易分辨彼此差異。根據發票數據庫統計，在台灣，手機支架的總銷售量中，有90%都是白牌商品[1]，自有品牌的比例不到10%。自有品牌除了搶攻台灣市場外，勢必要找到另一個市場機會，美國亞馬遜，似乎就是個合理又簡便的選擇，那在進攻亞馬遜時，是要調整「產品」還是調整「價格」？

台灣品牌犀利釦進軍美國市場之路

2022年，有個台灣品牌的手機支架客戶—犀利釦（SleekStrip）找上SoWork。犀利釦客戶當時已在台灣生產手機支架和手機卡包，但受限於台灣市場的規模，一直想進軍美國市場。然而產品和行銷正在猶豫，不確定在轉換到亞馬遜時，是否要調整產品組合？而美國售價與台灣的售價要相同嗎？

銷售數據分析暢品趨勢

在比較兩個市場的經營策略時，通常會先研究較為熟悉的母市場，在此案例中，我先根據台灣的鷹眼數據，了解手機支架的市場規模；據數據庫分析發現，手機支架品牌，每月銷售量達22萬個左右，預估月銷售金額為2,128萬。相比之下，手機卡包品牌的月銷售量較少，為5,223個，預估月銷售金額為68萬左右，

---

1 SoWork團隊於2022年11月份。根據鷹眼數據統計。

且市場競爭也較少。這使品牌方在投資決策上產生了困惑，是要投資在市場大、競爭激烈的支架產品上，還是投資在競爭較少但銷售金額也較少的卡包市場上。如果選擇支架產品，就需要更多的預算來與其他 2,912 個品牌競爭。如果將較多資源配置在卡包產品的推廣上，就需要賭一把這個市場能否成長，因為總市場只有 68 萬，可能無法支撐這個產品線的投資。

接著，往下一層研究自己產品子分類的市場規模，手機支架中，氣囊式手機支架的銷售量佔比約為 58%，黏合折疊式的佔比為 24%。手機卡包中，88% 都是手機殼式的卡包。也顯見市場對產品的接受度，較多仍是氣囊式手機支架或是手機殼式的手機卡包。（如圖 2.27）

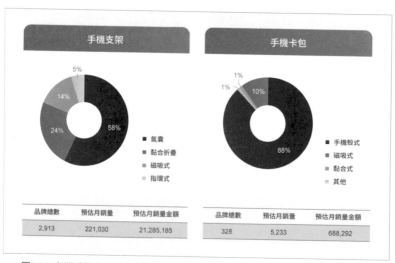

・圖2.27：台灣手機支架與卡包的競爭概況
・資料來源：SoWork

而犀利釦在台灣銷售的產品，則是「黏合折疊的手機支架」或「手機殼式的手機卡包」，分別屬於兩個類別的第二大和第一大子類別，那，前進美國亞馬遜時，能否用相同的產品推進呢？

　　在美國，的確是不同的樣貌，以下，就分享美國亞馬遜的手機支架（Cell Phone Grips）和手機卡包（Adhesive Card holders）的分析結果（如圖2.28）。讓人驚訝的是，台灣的競爭真的比美國激烈。在美國的手機支架類別中，約莫只有279個品牌是每個月都有賣出至少一件商品的，在台灣，則有2,913個品牌。而美國亞馬遜的手機卡包類當別中，有131個品牌。更小的台灣，卻有328個品牌數，顯見台灣的競爭激烈。

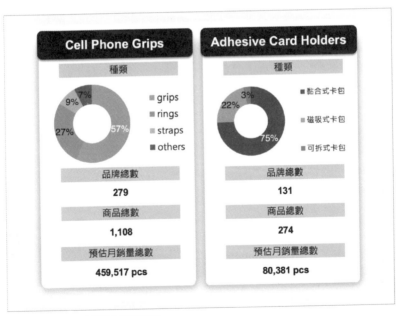

・圖2.28：美國亞馬遜的競爭態勢
・資料來源：亞馬遜第三方銷售額預估工具

在美國的亞馬遜商城內比較來看，手機支架類別的總商品數約莫是手機卡包的四倍，總銷售量相比更是卡包支架的 5 倍多，顯見美國的亞馬遜用戶也是對手機支架的接受度比較高，犀利釦進攻美國市場時，建議仍以手機支架為主。

雖然就整體類別而言，趨勢與台灣相近，但子類別則不太相同，美國亞馬遜的手機支架類別中，氣囊式手機支架類別佔據了 57% 的銷售量，相同產品在台灣則佔了 58% 的銷售量，趨勢相符，但美國第二名類別則是指環型的商品，佔了 27%。並非客戶現已推出的黏合折疊的手機支架。

手機卡包類別，美國以黏合式卡包為主，占有 75% 的銷售量，在台灣手機卡包類別占有 88% 的手機殼式卡包，則是不在美國前三大的子類別排行榜。顯見若要犀利釦若要保守地進攻美國，應要推出氣囊式手機支架 類別的商品，會更符合當地市場的顯性需求，否則，就是開發指環式的手機支架。

卡包市場的定價策略

但在卡包的市場，故事就不同（如圖 2.29），卡包定價相當集中在美金 5~15 元的區間，假設你目前售價為美金 15 美元，從數據分析，平均市場月銷量為 33,409 個，總體銷售金額達到 501,135 元，由 117 個商品瓜分時，每個商品的月銷售總金額為 4,283 元；當售價調整為 10 元時，平均市場月銷量為 39,554 元，總體銷售金額達到 395,540 元，由 111 個商品分攤，每個商品的月銷售總金額為美金 3,563 元。（如表 2.30）

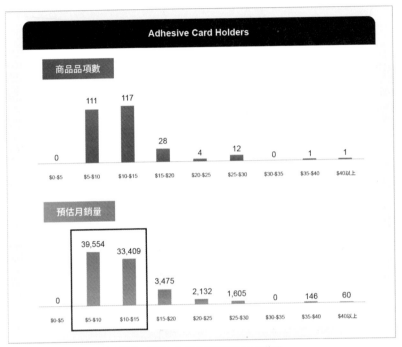

· 圖2.29：美國亞馬遜商城中，手機卡包價格帶與銷售量分佈圖
· 資料來源：亞馬遜第三方銷售額預估工具

價位	設想價格	平均月銷量	平均月銷售金額	商品數	平均每商品月銷售金額
5-10	10	39,554	395,540	111	3,563
10-15	15	33,409	501,135	117	4,283
15-20	20	3,475	69,500	28	2,482
20-25	25	2,132	53,300	4	13,325

· 表2.30：手機卡包價位區間的平均每商家月銷售金額對照表
· 資料來源：SoWork

對比以上金額，客戶若要推出卡包時，會建議推出黏合式的卡包，從保守的角度思考，推出美金 15 元以下的商品，或許是市場接受度比較高的做法，但就平均每商品月銷售金額來講，當訂價設定在美金 20~25 元時，平均每商品的月銷售金額，可以達到美金 13,325 元左右，或許也是值得嘗試的做法。

進攻美國市場的建議

當犀利釦要進攻美國時，就產品策略而言，可考慮推出氣囊式手機支架，相同的類別，在美國和台灣都是佔據第一名的銷售量，在台灣推行時，可視為新產品上市，在美國推行時，則是全新品牌的亮相。這或許會比在美國推黏合折疊的手機支架更適合。

就定價策略而言，不論手機支架或手機卡包，從價位區間，比較每件商品的平均月銷售金額時，會發現高價商品的市場規模和競爭性，都優於中低價商品 2 倍以上。

而犀利釦既然在台灣是定位在高階形象，或許可延續此形象，在美國也推出高階的手機支架與手機卡包，這樣產品與定價的策略，就能讓品牌兼顧兩個國家的品牌形象。

以上，是透過電商或整體市場銷售數據，為電商型的客戶，提供研究市場規模的方式。

（跨境）海關數據

■ 海關數據看見市場機會

　　海關數據，是根據報關時的價格、數量統計而成的銷售量，因無法統計到郵寄或行李的銷量，而報關的價格與終端銷售價格也會有落差，故普遍是被低估的數字。但因從官方統計而來，當比較不同國別的海關數據，至少可了解本國商品在出口到不同國家時，不同國家的接受度是如何，最直覺的判斷，就是當目標市場國進口本國商品越少時，一是代表對本國商品的接受度不高，二是代表當地還有很多推廣的機會。而市場上的情況，通常是第一種。本章節將分享，SoWork 是如何透過海關數據，協助丘嵎國際行銷的客戶，判斷日本、韓國與美國，對於台灣糕餅的接受度。

■ 從出口金額洞悉國際糕餅市場

　　丘嵎國際行銷位於台中，是深耕在地，協助品牌成長的代理

商，不僅會協助當地品牌進行形象包裝、在地推廣行銷，也會協助客戶拓展各種成長的機會。2021 年，丘嶠國際行銷正在為糕餅客戶思考進軍海外的步伐，在日本、韓國和美國當中舉棋不定。

經過雙方討論後，決定用損益點分析，結合五種以上的數據庫，來協助客戶判斷，其中，就是透過海關數據，參考各國對台灣出口糕餅類的接受度。

根據三個國家進口台灣糕餅類的進口總額來看，美國身為全世界數一數二大的消費市場，從台灣進口糕餅類的總金額，從2019 年的美金 19 億元，2021 年提升至美金 23 億元，但這 23 億，是由整個美國所貢獻的，若要進行全美國的行銷，其預算也挺驚人的。因此，雖然三個國家同時比較時，其他兩個國家明顯偏低，而日本市場則是三個國家當中，進口台灣糕餅總額最少的國家，但我們仍進一步比較韓國與日本的數據。（如圖 2.31）

若將日本和韓國細部比較，則可看到韓國的進口總金額約莫是日本的 5 到 7 倍，從 2019 年的美金 9,798 萬元，緩步提升到2021 年的 1.12 億美金，日本的增幅雖然大於韓國，但實際金額仍然遠落後韓國，這個數字對於一心想進攻日本的許多糕餅業者來講，都是一個可事先預防的警訊。（如圖 2.32）

當日本進口台灣的總金額較少，但我們又想進攻時，有沒有去搶奪其他領先市場國的糕餅銷售量呢？於是，分析團隊比較日本、韓國和美國，進口糕餅商品的來源市場國排行榜。從下圖可看到，日本在該三年的排名前三名，皆是比利時、義大利和奧地利，台灣則在 6 到 8 名之間徘徊。馬來西亞則是連續三年，都蟬

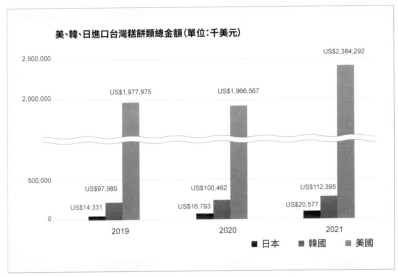

· 圖2.31：美、韓、日進口台灣糕餅類總金額
· 資料來源：各國海關數據

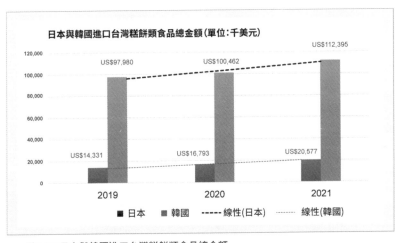

· 圖2.32：日本與韓國進口台灣糕餅類食品總金額
· 資料來源：各國海關數據

聯韓國的進口國排行榜第一名,第二名則包括印尼、法國或義大利。美國來看,加拿大和墨西哥保持在前兩大,義大利則是連續兩年排名第三名。(如圖 2.33)

義大利於三個國家,都有佔到前三名

日本				韓國				美國			
	2019	2020	2021		2019	2020	2021		2019	2020	2021
TOP1	比利時	比利時	比利時	TOP1	馬來西亞	馬來西亞	馬來西亞	TOP1	加拿大	加拿大	墨西哥
TOP2	義大利	義大利	義大利	TOP2	印尼	義大利	法國	TOP2	墨西哥	墨西哥	加拿大
TOP3	奧地利	奧地利	奧地利	TOP3	德國	印尼	義大利	TOP3	德國	義大利	義大利
台灣名次	7th	6th	8th	台灣名次	9th	9th	12th	台灣名次	28th	28th	26th

日本皆為歐洲等
看來更高級的國家

韓國來看,東南亞國家具有競爭機會
馬來西亞值得研究

美國來看
鄰近國家的機會比較大

- 表2.33:三國進口糕餅類金額國別排行
- 資料來源:SoWork

　　從以上數據,可以推敲一個現象,比利時、義大利和奧地利,都屬於較高價的糕餅類商品,包含巧克力與餅乾,若要以台灣品牌之姿,在日本營造與歐洲國家相同的質感,就算品質能達到其門檻,但就文化上的認知,會需要更多努力才能改變對台灣品牌的形象。而韓國進口的糕餅類,包括馬來西亞與印尼,相對來講,就會更適合當成台灣的競爭者。

就進口國的排行（如圖 2.34），可初步掌握目標國家的偏好，進一步就金額的總比例來看，日本進口糕餅的總金額佔比。台灣在 2019 年，還占有日本整體進口糕餅的 3.16%，到了 2021 年，下降到 1.85%。台灣出口糕餅到韓國所佔的總金額比例，則是從 2019 年的 3.47%，下降到 2021 年的 2.01%，台灣在美國總進口糕餅類的金額佔比，則是從 2019 年的 0.16% 提升到 2021 年的 0.23%。疫情期間，台灣出口的糕餅總金額，佔日本和韓國的進口比例都降低不少，但在美國的比例卻有微幅提升。

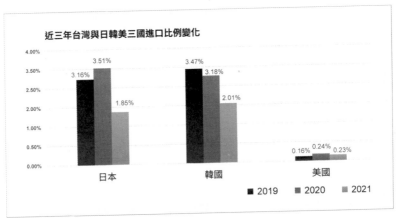

· 圖2.34：近三年台灣與日韓美三國進口比例變化
· 資料來源：SoWork

更實際地看金額變化時，會發現一個有趣的是，在 2019 年，韓國進口台灣糕餅的總報關金額，居然以美金 340 萬的總金額，超越美國的美金 316 萬元。而 2021 年，美國市場從台灣進口糕餅

類的總金額，卻可以成長到美金 548 萬元。提升的總金額較日本和韓國都還高。（如圖 2.35）

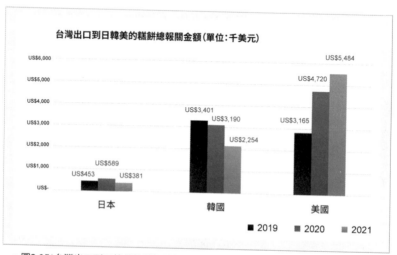

· 圖2.35：台灣出口到日韓美的糕餅總報關金額
· 資料來源：SoWork

　　令分析團隊意外的數據，是台灣品牌夢寐以求的日本，進口台灣糕餅類的總金額實在很有限，最高金額也只達到美金 58 萬元左右，大約都是其他兩個國家的零頭，當進一步瞭解稅率時，發現日本對台灣進口的糕餅，稅率高達 18%，韓國的稅率只有 8%，而美國，則是零關稅。

　　從以上的海關數據，可理解到台灣出口到不同市場國的糕餅總金額，也可用此金額，作為不同國家的市場規模預估量；雖然不是準確的市場規模，但當地市場進口台灣糕餅類的海關總金

額，也可反映出當地經銷商或民眾，對於台灣糕餅類商品的接受度，當接受度越高時，當地經銷商或台灣的其他競爭者，通常就會嗅到商機，而願意更大量的輸入至該目標國；反之，綜合產品價位、口味接受度、推廣難易度和飲用習慣，當市場接受度越低時，會願意進口至目標國的生意人就會更少，也會反映在海關進口金額當中。

在此段，並非要你將海關數據，直接當成該國的市場總值，而是將海關數據做為評估進攻市場國的參考依據，在前進新市場前，先理解不同國家的差異性，避免走了別人的冤枉路。

　　用產業定義推估市場規模，可重整產品開發的思路，以用戶推出市場規模，看觀察市場趨勢，單推估電商數據，可作為跨境電商品牌的定價指南，而用海關數據，則可評估要投注資源的市場國。本章列舉四種常用的市場規模的推估法，這四種都不牽涉運算模型，是較容易入手的市場規模推估方法，希望能對讀者有所幫助。

不要賣不動時，才發現定價錯誤

在 M 型社會中，消費者所能接受的價格區間已不再像傳統的鐘乳石形狀一般，而是分布在兩個高峰的不同價格範圍，不僅僅要從市場數據定義確切的範圍區間，也要重新形塑品牌和產品形象，才能讓客戶為品牌代表的價值買單。

定價策略的理論與現實

■ 雙峰鐘型曲線的定價趨勢

定價是一個相當動態的思考過程。經濟學理論中,通常會使用一個鐘狀曲線來表示定價與獲利的關係,根據傳統的理論,當商品定價超過某個價格時,就會開始有一定數量的顧客購買商品,隨著客戶數量的增加,企業漸漸達到損益平衡點,這表示總收入已開始超過總成本。在理想價格之前,即使定價提高,也會有越來越多的客戶願意購買商品。隨著客戶數量的增長,定價曲線會達到巔峰,此時企業利潤達到最大值;但是,當定價超過理想價格時,願意購買的客戶數量會逐漸減少,總利潤也會開始下降。當購買人數減少到一定程度時,定價高過一個臨界值,企業利潤就會轉變成負數。(如圖 3.1)

在理論中,價格和獲利會呈現一個完美的曲線,逐步增加再減少,僅有一個高峰。但是根據 SoWork 團隊的實際數據分析發現,這過程通常會出現兩個高峰,一個較高一個較低,這現象再

· 圖3.1：古典派價格與獲利的對照圖
· 資料來源：The 5 most common pricing strategies｜BDC.ca

次驗證日本管理學者—大前研一在 2006 年所提出的 M 型社會架構，從數據證實，這個世界不僅收入將分為兩極化，消費習慣也會趨於兩極化，假設一樣是買手機殼，會有一群人只願意買便宜的手機殼，在便宜的價格區間遊走，同時也有另一群人，是願意花高價買手機殼的。經濟學中的鐘型定價曲線，也從一個高峰，轉換成兩個高峰了。

◼ 犀利釦的定價策略

　　以手機殼的市場為例，很多時候，手機殼的設計師在追求設計美感和新穎性時，可能忽略了手機殼的實用性和便利性，產生

了一些不必要的問題。有些手機殼就會設計得過於浮誇和笨重，讓人們無法方便地攜帶手機，也無法充分展現手機的設計風格。因此，像犀利釦（SleekStrip）這樣的品牌，提出了簡約實用的設計理念，旨在為人們帶來更方便、更舒適的手機使用體驗，這種設計思想正好符合了現代人追求簡約、便利的生活方式。創辦人之一的 Patrick 的設計哲學很值得肯定，他將設計的重心放在符合使用者需求上，而非單純地增加產品功能或外觀上的華麗設計。此外，他選擇與加拿大設計團隊合作，也展現了他的開放心態與跨國合作的能力。最後的產品─犀利釦，也符合了市場上許多人對於手機支架的需求：簡單、方便、易於攜帶，並且具有多種使用方式，這是一個很好的設計案例。

・圖3.2：犀利釦的古典花園系列
・資料來源：犀利釦

犀利釦的手機握帶支架看起來非常方便易用，它的簡單設計和功能性讓人印象深刻；使用者可以輕鬆地將手指穿過握帶，讓手機牢固地握在手中，避免手機掉落。當需要將手機置於桌面上觀看視頻或進行視訊通話時，只需輕輕一推，握帶便可以變成一個手機支架，支撐手機直立，方便使用者觀看內容；不需要使用手機握帶支架時，輕輕壓平握帶，它就能完全融入手機背面，不會對正常使用手機造成任何不便。（如圖 3.2）

深化品牌的數據調研

記得犀利釦與 SoWork 相遇時，該品牌在市場上已小有斬獲；與 SoWork 團隊合作，是期待品牌在既有基礎上，能再增加品牌的力道。SoWork 與犀利釦團隊需共同發展品牌定位、產品訴求以及價格策略等面向，而這些課題，也需要透過市場研究和用戶洞察等方法來解決。

進行用戶調研

搜集台灣和美國消費者對於手機配件的使用習慣和需求的資料，並且了解其對於現有市場上的產品的評價和反饋。

進行競品分析

分析台灣和美國市場上現有的手機配件品牌和產品，了解其產品訴求、品牌定位、價格策略以及市場占有率等資訊。

分析價格帶

透過美國亞馬遜銷售數據和台灣的發票數據，了解手機配件市場在不同價格帶下的銷售狀況和市場占有率，並且探討犀利釦

在雙邊市場的產品定價與未來新品定價區間。

建立品牌定位和產品訴求

根據用戶調研和競品分析的資料，建立一個能台美相通的品牌定位和產品訴求，以符合台灣和美國的推廣和趨勢。

過程中，市場研究和用戶洞察是了解市場需求的重要工具，有助於團隊釐清產品的目標市場和目標客戶群，同時也能提供競爭情報，幫助團隊制定有競爭力的品牌定位和產品訴求。另外，價格策略也是一個非常重要的考量，因為價格可以影響產品的銷售量、市場占有率和品牌形象等，所以要特別注意。

SoWork 根據台灣的發票數據，整理出一年內的手機支架商品，並將所有商品由最高價排序到最低價，得到的價格排序圖，按照商品數量，從最高價到最低價，分成四個等分時，會發現手機支架的售價，最高是新台幣 999 元，最低則是新台幣 9 元。犀利釦的商品定價是新台幣 490 元，並非落在最高價格帶，而是在第二高的價格帶。（如圖 3.3）

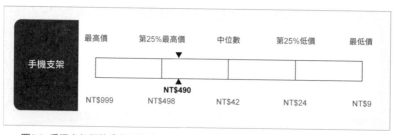

· 圖3.3：手機支架價格分佈四分位
· 資料來源：鷹眼發票數據庫

同樣的方法論，觀察手機支架在美國亞馬遜的價格分布時，我們發現在過去 12 個月內，有實際銷量的手機支架中，最高的定價為美金 39.99 元，最便宜的定價則只有美金 4.11 元。按照銷售數量將售價分為四個區間時，犀利釦在台灣的定價轉換成美金後，約為美金 16.3 元，就屬於第一區間的較高價位。（如圖 3.4）

· 圖3.4：亞馬遜手機支架價格四分位圖
· 資料來源：亞馬遜第三方數據庫

　　當犀利釦販售的商品在美國市場的定價為美金 16.3 時，已經屬於高價商品，而非中高價商品，是否還有上升的空間則需視商品本身的價值和市場需求而定。

　　團隊用同一方法研究手機卡包的市場時，發現手機卡包的市場價格差異更大，在美國，最貴的單價要新台幣 1,280 元，最低的卻只要新台幣 13 元的。相同的卡包，最高和最低的差價，約莫為 98 倍，而在台灣市場，最高單價 999 元和最低單價的 9 元，差距則可達 111 倍，顯見卡包市場的產品多樣性。

　　回到美國亞馬遜手機支架的市場價格研究，將價格與單月

銷售數量進行比對時，數據顯示共有 502 個商品的定價落在美金 5~10 元之間，而定價落在美金 15~20 元之間的商品數量約為 207 個。不過，整體銷售量與理論值的完美對稱曲線有一定差異，顯示市場需求並不完全受價格影響，還有其他因素影響銷售量。（如圖 3.5）

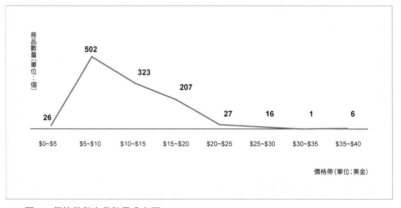

・圖3.5：價格帶與商品數量分布圖
・資料來源：SoWork

進一步觀察月銷量的數據，可以發現整體趨勢與理論值的完美曲線有所不同。尤其是在美金 5 元以下和 30 元以上的價格帶，商品的銷量表現不佳。相反地，當價格定在美金 5~10 元時，商品整體銷量表現最好，每月約售出 20 萬件。然而，當價格提高到美金 10~15 元時，銷售量卻跌至第三名，每月約售出 9 萬件；而價格再上漲至美金 15~20 元時，銷售量反而回升，每月約售出 10

萬件。犀利釦所訂定的售價美金 16.3 元，位於銷售表現第二佳的價格帶，是否還有上漲空間，需再進一步觀察市場變化。（如圖3.6）

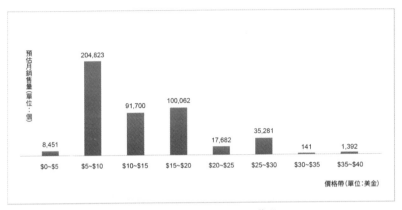

· 圖3.6：美國亞馬遜商城中，手機支架價格帶與銷售量分佈圖
· 資料來源：亞馬遜第三方數據庫

　　假設，我們採用每個價位區間的最高定價作為單品價格，乘上每個價位的月銷售量，就得到以下的曲線（如圖 3.7）。當縱軸為總銷售金額，橫軸為價位區間時，可看出總金額其實有三個高峰，而非理論值上的一個高點，假設每個品牌都能守住自己的利潤率時，售價美金 5~10 和售價美金 15~20 元，為最高的兩個峰值，第三個峰值，落在售價美金 10~15 元之間，到了售價美金 20~25 元之間，整體總銷售金額跌下來了。若按照理想價格區間的思考，售價不能再往上調整，不然會有面臨到利潤全面下滑，但從實際

數據卻看到，當 M 型社會的趨勢日益明顯，攀過美金 20~25 元後，還會有另一個小高峰，最棒的是，高價的競爭者，的確比較少。

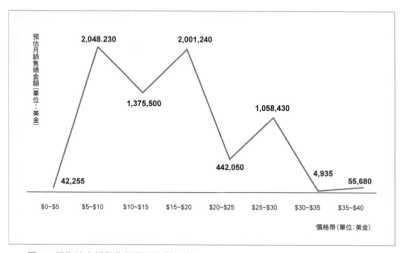

· 圖3.7：銷售總金額與售價區間的對照表
· 資料來源：美國亞馬遜電商預計銷售

手機支架價格，往上跳一級銷售倍增

　　細部分析每個價格區間的商品數量時，可看到在美國亞馬遜上，共有 502 個商品的售價落在美金 5~10 元，從商品數的趨勢來看，多數的商品的確不敢挑戰美金 20 元的門檻，光是售價美金 10~15 元的商品數量，就已經是前一個價位區間總商品數的 60%，到了美金 15~20 元的區間，更只剩下 207 個商品數量，價位再往上，就只剩下不到 30 個商品數。（如圖 3.8）

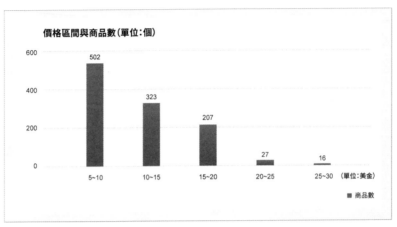

・圖3.8:價格區間與商品數的對照圖
・資料來源:亞馬遜第三方數據庫

　　一般而言,品牌主總是希望能提高售價的,如果增加功能的成本並不會高於售價的增幅,就會值得投資,或是,只要透過形象包裝就能提高售價,那也會值得,只是需要透過外部數據,評估是否還市場。

　　當維持現有定價在美金 20 元時,市場整體平均月銷售量為 100,062 個,總銷售金額為美金 2,001,240 元,這市場份額是由 207 個商品所瓜分,平均每個商品的每月銷售金額就落在美金 9,667 元。我們以此為標準,繼續往低價的價格帶,做一樣的估算。

　　當售價降低到定價美金 15 元的市場,該價格區間的整體銷售數量為每月 91,700 個,總體金額則約莫是美金 1,375,500 元,這總營業額由 323 家商品分享,平均一商品的單月銷售金額為美金 4,258 元,這只剩下美金 9,667 元的一半不到。

當再降低售價為美金 10 元時，市場總銷售量為 204,823 個，總銷售金額是 2,048,320 元，總共 502 個商品瓜分這個市場，平均每個商品的月銷售總金額，只有美金 4,080 元。更是比美金 4,258 元還低。

從以上算式看來，降低售價並不是一個好的選擇，因為這樣可能會導致市場競爭加劇，產品的價值感受下降，從而影響品牌形象和銷售收益。相反，如果品牌主希望提高售價，可以考慮透過產品附加價值或品牌價值的提升，從而讓消費者認為產品更有價值，進而提高售價和市場占有率。

當然，在提高售價的過程中，必須進行慎重的產品設計和包裝設計，以確保新產品能夠滿足消費者的需求和期望，並能夠吸引更多的消費者。同時，也需要考慮競爭者的市場策略和價格競爭情況，以避免因過高的售價而失去市場占有率。

總之，提高售價需要經過慎重考慮和研究，必須掌握市場需求和消費者偏好，並透過增加產品附加價值和品牌價值的方式，提高產品的價值感受和消費者的支付意願。

從另一個面向分析，當售價提高到 25 元時，平均月銷售量為 17,682 個，總銷售金額約為美金 442,050 元，27 個商品平均瓜分的話，每個商品平均月銷售金額為美金 16,372 元，為定價美元 20 元的 1.67 倍。

當售價再往上提升到 30 元時，平均月銷售量為 35,281 個，總銷售金額為美金 1,058,430 元，在這個定價區間內，只有 16 個商品在競爭，每個商品平均月銷售金額可達美金 66,151 元，是定

價美元 20 元時的 6.84 倍。（如表 3.9）

	設想價格	平均月銷量	平均月銷售金額	商品數	平均每商家月銷售金額
5~10	10	204,823	2,048,320	502	4,080
10~15	15	91,700	1,375,500	323	4,258
15~20	20	100,062	2,001,240	207	9,667
20~25	25	17,682	442,050	27	16,372
25~30	30	35,281	1,058,430	16	66,151

(單位：美金)

· 表3.9：手機支架價位區間的平均每商家月銷售金額對照表
· 資料來源：亞馬遜第三方數

　　從以上算式來看，犀利釦在針對美國研發新產品時，無需思考用降價進攻市場，反而可以精進自己的商品設計，設法讓商品可定價在美金 25~30 元的區間，如此一來，不僅競爭的對手變少，可能的平均銷售總金額反而提升。

手機卡包市場，價格彈性帶寬

　　相同的情形，也發生在手機卡包的市場，如圖 3.10 所示，卡包定價相當集中在美金 5~15 元的區間，假設你目前售價為美金 15 美元，從數據分析，平均市場月銷量為 33,409 個，總體銷售金額達到 501,135 元，由 117 個商品瓜分時，每個商品的月銷售總金額為 4,283 元；當售價調整為 10 元時，平均市場月銷量為

39,554 元，總體銷售金額達到 395,540 元，由 111 個商品分攤，每個商品的月銷售總金額為美金 3,563 元。

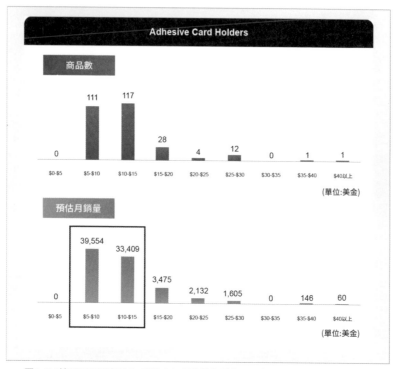

· 圖3.10：美國亞馬遜商城中，手機卡包價格帶與銷售量分布圖
· 資料來源：亞馬遜第三方數據庫

　　若新產品的定價選擇，推出美金 15 元以下的商品，是市場接受度比較高的做法，但就平均每商品月銷售金額來講，當定價設定在美金 20~25 元時，平均每商品的月銷售金額，可以達到美金 13,325 元左右。（如表 3.11）

設想價格	平均月銷量	平均月銷售金額	商品數	平均每商家月銷售金額
5~10	10	39,554	395,540	111	3,563
10~15	15	33,409	501,135	117	4,283
15~20	20	3,475	69,500	28	2,482
20~25	25	2,132	53,300	4	13,325
25~30	30	1,605	48,150	12	4012

(單位:美金)

· 表3.11:手機卡包價位區間的平均每商家月銷售金額對照表
· 資料來源:亞馬遜第三方數據庫

其實,不論是手機殼或手機卡包的市場,其價格與銷售總金額的分布圖,都與前面提到的理想對稱曲線有較大的差距。而這樣的現象,若轉換到「價格彈性」的概念中,亦可以發現類似的現象。「價格彈性」即當商品價格提升時,市場需求量因價格而變化的敏感程度(低於1為不敏感,高於1為敏感)。當想了解商品想調高五元時,消費者的價格彈性如何,就可使用「價格彈性」的公式*,算出以下的價格彈性。

經計算,當價格從10元調整到15元時,價格彈性為0.31,15元調整到20元,價格彈性為2.69,達到將近9倍,顯示要從15元漲價到20元,需要花更多力氣溝通漲價所帶來的價值,才能更容易為消費者所接受,當20元調整至25元,價格彈性為1.54,而25元調整至30元,價格彈性為1.24,後面兩個價格區

間當中，漲價所帶來的影響，反而不如 15 元漲價到 20 元。

我們發現在手機卡包市場中，低於 15 元的商品，市場並不特別在意。但當價格區間在 15-20 區間時，人們對於價格的敏感度便會驟然提高。而當價格高於 20 後，市場或許對商品的認知有所改變，因此敏感度雖高，但並不如 15-20 元價格帶來得高。

因此，在制定產品價格時，了解價格彈性是非常重要的，可以幫助企業找到最適合的價格點，避開市場的價格最敏感帶，達到最佳銷售效益。也如表 3.11 所示，在美國，定價美金 0~5 元的手機殼，銷售量其實很低，但一過了 5 元，突然就有很高的市場需求。

確定商品基本定價外，還可從平均每商品月銷售金額，來判斷自己的商品，能溢價到甚麼程度，就圖 3.12 來看，手機殼的平均每商品月銷售金額，高峰很明顯落在美金 25~30 元的價位，但手機卡包就沒這麼明顯，而是除了 20~25 元的價位區間外，美金 5~15 元的區間和 25~30 元的區間，平均銷售金額都相去不遠，品牌可先拿自己的產品力，與市場上不同價位區間的商品做一對比，衡量出合理的訂價區間，接著，就必定要以行銷，強化產品的溢價能力。（如圖 3.12）

適地性的定價策略研究

相同的數據分析能夠幫助企業更好理解市場和消費者需求，在冷凍食品、精華液、香氛市場，會因為產品屬性不同，必須制定更有效的產品策略和定價策略。在台灣市場的曲線分布狀況，也跟

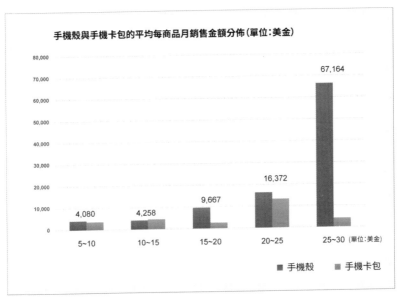

- 圖3.12：手機殼與手機卡包的平均每商品月銷售金額分布
- 資料來源：SoWork

美國有相當大的不同。不同市場和不同類型的產品所呈現的數據分布可能存在很大差異，因此企業需要根據不同的情況採取相應的數據分析方法。接下來將會介紹市場常用的成本加成法、競爭市場定價、滲透定價法、吸脂定價法和價值定價法，通過對市場、產品和消費者進行更深入、更精細的分析，幫助企業可以更好地把握市場需求和趨勢，從而制定出更為成功的市場營銷策略。

市場數據導向的精準定價策略

■ 穩中求成長的成本定價法

　　成本加成法就是按照成本的估計，在此基礎上，加上一定成數，當作是品牌本身的利潤。就販售商品的品牌而言，就是用進貨成本加上一定的倍數後，成為最終對客戶的售價。以勞務賺錢的品牌而言，就需要細算每個人對於每個專案的服務成本，將其數值加上一定的倍數後，形成最後的終端售價。

　　當採用成本加成法時，倍數的絕對數值是多少，就至關重要，常見的低級錯誤，就是當你加上很高的倍數後，售價還能大幅低於競爭對手時，你會感嘆自己的成本控制真的不簡單。但在成本估算時，你或許沒有估到法律顧問成本、商標申請成本、奧客成本、特殊事件大量退貨成本、天災成本或是足夠的行銷成本和人事成本等，在沒有預估好成本的情況下，努力地搶單，很可能是做一單賠一單，也有可能是生意很好但現金流轉不順利，也有可

能是遇到單一事件就卡不過來。成本加成法可以提供一個基礎的定價方法，但在設定倍數時，需要考慮到多個因素，如行業競爭、品牌價值、目標市場和產品特點等。在了解對手成本時，可以透過多種數據來源進行分析，但需要注意的是，這些數據僅供參考，還需要結合自身情況進行綜合分析，才能制定出符合市場的定價策略。此外，定價策略也需要不斷調整和優化，以適應市場變化和提高品牌競爭力。

從產業報告了解市場需求

透過產業的分析報告，其實可以獲得許多寶貴的情報，SoWork 團隊在 2022 年，曾經有來自為濾紙咖啡的代工品牌的委託，研究東南亞的濾紙咖啡市場規模。在研究過程中，發現東南亞市場的語言隔閡很大，越南、印尼、新加坡、馬來西亞和菲律賓，使用的語言都不相同，若要透過自己團隊去研究不同市場的主要品牌，並了解其營業額、毛利率，進一步整理出客戶的銷售名單，是會耗時又不切實際的。於是，在初期研究過程，就轉變研究方向，從自行整理搜集資料，轉向成第三方的產業報告。

《Southeast Asia Drip Coffee-Market 2022 by Manufacturers, Country, Type and Application, Forecast to 2028》，就是當時分析團隊參考的其中一份產業報告，在該產業報告中，可以針對東南亞的濾紙咖啡產業，進行四種維度的市場規模、毛利率、未來成長趨勢和主要品牌的分析，這四種維度包括：

按照種類區分

包括冰濾滴咖啡、冷泡式濾滴咖啡、濃縮咖啡和其它。

按照使用情境分

餐廳、咖啡店、超級市場和便利商店。

市場上的主要品牌

包括 Phil Coffee Company、An Thái Group、PCG Coffee Co., Ltd.、Doi Chang Coffee、Brewsco、Blantica Coffee、JJ Royal 和 PT TANAMERA KOPI INDONESIA

按照市場分：泰國、菲律賓和印尼。

針對在評估不同市場的決策者而言，產業報告通常也會針對單一市場，提供以下五個項目的深入分析，包括：

產品類別

根據產品類型將市場劃分為不同的子市場，例如咖啡、茶、可可等。這有助於了解每個子市場的規模、趨勢和競爭情況。

應用類別

這種分類法是根據產品的使用方式進行劃分，例如咖啡店、家庭、辦公室等。這將有助於了解不同應用場景下的市場規模和需求。

地理區域

將市場按地理區域進行劃分，例如國家、地區、城市等，有助於了解市場在不同地區的發展狀況和趨勢。

消費者屬性

根據消費者屬性，例如年齡、性別、收入水平等，將市場劃

分為不同的子市場。這有助於了解不同消費者對產品的需求和偏好。

這種分類法是根據產品銷售的通路進行劃分,例如超市、便利店、網路等。這將有助於了解產品在不同銷售通路下的市場規模和競爭情況。

接著,則須從宏觀的市場分析中,鎖定到特定公司的營業數據,因為,身為濾紙的製造商,了解當地主要濾紙咖啡的生產者,對於製造商來說是非常重要的,因為這可以幫助身為製造商的我們,更好地了解濾紙咖啡生產者的需求和期望,進而制定更有效的策略,提高我們產品的價值和市場占有率。在產業報告中,與成本最有關係的地方,就落在主要品牌的簡介當中。

如圖 3.13 所示,產業報告中會將特定品牌歷年來的銷售總量、價格、營收、毛利率以及市佔率統整成一個表格,以方便你進行比較。當你身為 Phil Coffee Company 的競爭對手時,就可以參考此數據,按照其毛利率與市場定價,也訂定自己的毛利率,從而反推定價。若你是想要成為 Phil Coffee Company 的供應商時,可先研究其毛利率,毛利率較低,作為其競爭對手,可以考慮以價格為主要競爭策略,將自己的產品定價在較低的水平,以提高市場占有率和銷售量。如果特定品牌的毛利率較高,作為其供應商,可以考慮以品質為主要競爭策略,提高產品質量和服務水平,以滿足品牌的高階需求,從而提高合作機會和合作成功率。

在研究特定品牌的數據時,還應該考慮其他因素,如品牌的

市場地位、品牌形象、產品特點和市場趨勢等，這些因素都對制定有效的競爭策略和供應策略非常重要。

Phil Coffee Company	2019	2020	2021	2022
銷售量 (K Tons)	-	-	-	-
單價 (US$/Ton)	-	-	-	-
營收 ($ Mn)	-	-	-	-
毛利率 (%)	-	-	-	-
全球市佔率 (%)	-	-	-	-

備註：完整文字為該產業報告的付費項目，故先隱藏

- 圖3.13：Phil Coffee的四年營業表
- 資料來源：Phil Coffee Company

海關數據制定出口和定價策略

當品牌要出口實體商品到其它國家時，需決定自己商品的報關價值，報得過高，會被海關克掉多餘的稅金，報關金額若低於自己的成本價格，反過來又容易被盤查到，因此，有些公司會在進口國設立一個自己的分公司，由出口國出貨到自己於進口國的子公司，其報關價值會更靠近成本價，再經由進口國的子公司，略以加工後，分銷至當地的經銷商，如此一來，可為企業在海關稅金和當地的營業所得稅上，爭取到更多的操作彈性。

當 SoWork 團隊為繪畫用麥克筆研究競爭對手時，就先對焦

競爭對手的主要銷售市場，這樣的研究還可以幫助團隊預測市場趨勢和未來的競爭情況，以制定更好的策略。

根據多份 2021 全球麥克筆市場報告指出，全球麥克筆市場每年約以 2%~3% 的幅度成長，從 2019 年約莫 16.72~19.06 億美元的產值，預計成長至 2026 年的 19.22 億美元的產值。（如圖 3.14）

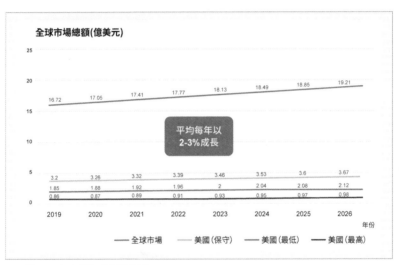

・圖3.14：麥克筆全球市場總額
・資料來源：SoWork

根據聯合國進出口統計 (圖 3.15)，在 2019 年時，美國為全球最大的麥克筆消費市場，約佔全世界的 16.8%，進口產值約在 3.2 億美元，但經過多重數據比對，3.2 億美元為市場的高估數字，若更精細計算，美國大部分進口的麥克筆，還會轉售到加拿大與墨西哥等市場（1.35 億美元），保留在美國本土的麥克筆產值約

為 1.85 億美元，也等同於全世界市場的 9.7%。

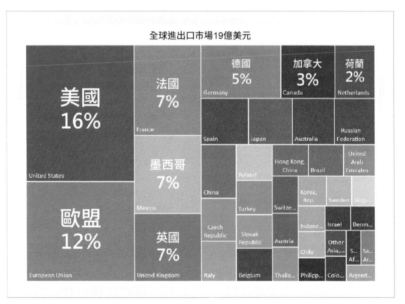

· 圖3.15：全球進出口市場的市場分佈圖
· 資料來源：聯合國進出口統計

　　當從海關的進出口數據中，發現美國是最大的市場時，就讓人好奇，在美國市場，客戶對標的日本麥克筆品牌—COPIC 是否為美國少數的日本麥克筆品牌，這樣一來，就可以更好地了解競爭對手的市場占有率和競爭力，有助於評估自己在市場上的優勢和弱點，以制定更有力的市場策略。在獲得足夠的市場數據後，團隊就可以根據報關數據來評估 COPIC 在美國市場上的成本價格，並據此來進一步制定出口和定價策略。

日本品牌於美國市場的數量

　　為了理解日本輸出到美國的麥克筆當中，有多少是屬於自有品牌，團隊從美國人使用率最高的電商網站一亞馬遜中，整理出略有銷量至熱銷的麥克筆商品，這些商品分屬於 60 個麥克筆品牌，也同時整理不同品牌所屬商品的總評論數，而得到以下的「價格與評論數對照表」。

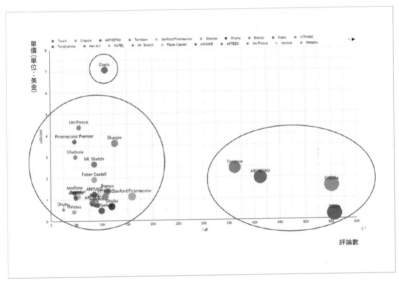

· 圖3.16：亞馬遜麥克筆品牌價格與評論數對照
· 資料來源：AMZ Scout, Jungle Scout

　　從圖 3.16 表看得出來，多數品牌是落於中低價且低評論的，而落於中價位且討論度高的，分別是日本品牌 Tombow 和兩個美國當地品牌—Artistro、Crayola，中國品牌 Touch 則是屬於低價位

數據紅利

且討論度高的品牌。

　　從這樣的對照圖中可看到，COPIC 的確有著他人無法觸及的定價，而從亞馬遜的第三方銷售量預估工具來看，COPIC 的確也有穩定的銷量，其銷量更沒有因為耶誕節、黑五等購物節慶，而有太大的起伏。同時，在美國電商平台的麥克筆品牌當中，日本的麥克筆品牌數量，也的確遠低於中國、韓國和美國當地品牌。於是，當想要推估 COPIC 的製造成本時，就可進一步從日本輸出到美國的麥克筆報關單價推估。

美國麥克筆進出口市場研究

　　2019 年，美國進口了價值 3.2 億美元（25 億支）的麥克筆，其中主要來自中國與日本，中國麥克筆出口到美國的麥克筆，佔整體中國出口比例的 25%，達到 1.79 億美元，整體偏低價位但數量多，日本出口到美國的麥克筆佔日本出口比例的 25%，但整體只佔美國進口的 14%，約莫為 0.44 億美元，日本的麥克筆高單價且數量少；延伸分析時發現，其中有 1.35 億美元的麥克筆是經由美國轉口後再出口，出口國以墨西哥和加拿大為主，主要目的就在避稅。（如圖 3.17）

　　當數據顯示，COPIC 為少數從日本輸出麥克筆到美國的品牌時，就可進一步研究報關數據，整理成），數據呈現出美國從中國進口的交易額為 1.79 億美元，交易量為 17.6 億支麥克筆，兩者相除，得到單隻金額約為 0.1 美金。相同的算式應用到日本，美國與日本的麥克筆交易量約為 0.44 億美元，但約為中國市場的四

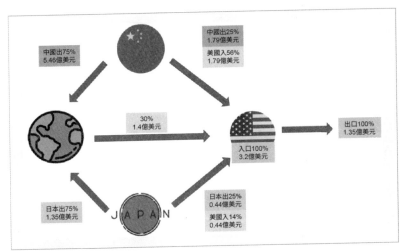

・圖3.17：麥克筆進出口市值
・資料來源：SoWork

2019年美國/中國/日本進口交易額交易量					
目標國	貿易	來源國	交易額	交易量	單隻金額
美國	進口	中國	1.79億美元	17.6億支	0.1美元
美國	進口	日本	0.44億美元	1.09億支	0.4美元

・表3.18：2019年美國/中國/日本進口交易額與交易量
・資料來源：各國進出口海關資料

分之一，但交易量只達到 1.09 億支，為中國的十分之一不到，相除後，得到其單支金額為中國麥克筆的四倍，達到每支 0.4 美元。（如表 3.18）

從以上數據推估，日本出口到美國的麥克筆，其成本價約莫在 0.4 美元，COPIC 又佔其大宗，而 COPIC 在美國亞馬遜商城的單支平均售價，約在 3.73 美元，約莫是報關價格的 9 倍之多。當客戶將自身品牌定位在高階麥克筆品牌時，不僅可考慮到終端市場的售價，也可參考競爭對手的成本單位，將自身成本控制在定價的九分之一左右，相對於過去製作低階的麥克筆，只需付出 0.1 美元的成本，再製作高階麥克筆品牌時，是需要將成本提高到四倍左右，才更有機會做出符合 COPIC 水準的麥克筆。

最終，客戶也成功打造出非凡的品牌茱禮思的繪畫用麥克筆（如圖 3.19），整體以高雅典藏為設計概念，一組的麥克筆，不只有類似精品包的外包裝，在外包裝之外，還附贈防塵袋。

相較之下，包裝對產品銷售和品牌形象都有重要影響。一個

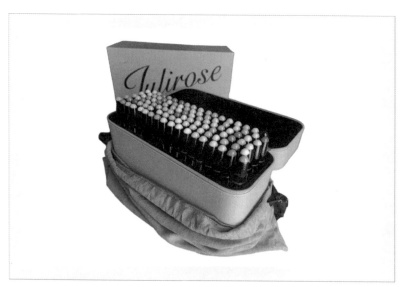

・圖3.19：茱禮思繪畫用麥克筆
・資料來源：茱禮思

好的包裝能夠幫助品牌提升價值、提高產品的吸引力和魅力、增加消費者的購買意願和品牌忠誠度。而且，精美的包裝也可以提高產品的價值感和高級感，有助於品牌形象的塑造。

相比 COPIC 簡單的包裝（如圖 3.20），茱禮思的高雅典藏包裝設計更加注重品牌形象的呈現，從外包裝到內部的配件都精心設計。這樣的設計能夠讓消費者感受到品牌的高級感、精品和專業形象，同時也能夠增加消費者的購買意願和忠誠度。或許此時的 COPIC 要重新思考自己的包裝策略了。

相對於其它的定價法，成本定價法是較嚴謹但也保守的作法，在成長階段中，不希望過度投資而影響自己當下的利潤空間，力求精確地計算自己會付出的成本，並同時計算出能讓自己達到損益兩平的銷售量，期待自己能儘快賺取到足夠的利潤，以發展

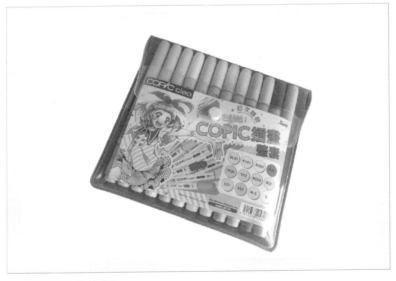

· 圖3.20：COPIC產品圖
· 資料來源：COPIC

下一階段的事業版圖，同時，也會在生產和推廣過程中，設定好不同的成本和銷售指標，幫助企業精確地計算產品的成本和利潤，控制風險。通過成本定價法，企業可以更好地掌握自己的成本和利潤空間，制定更為穩健的經營策略，但是它也存在可能忽略市場需求和價格變化的風險。

因此，在實際應用中，可以綜合考慮市場需求、產品特點、成本結構等因素，採取適合自己的定價策略，以取得最大的經濟效益。

■ 內藏玄機的競爭市場定價法

競爭市場定價法則是市場常用的手法，當販售義大利麵時，就參考附近的義大利麵都賣多少錢，按照此方式，跟他進類似的商品、用一樣的營運方式、請類似規模的團隊，就應該不會錯；但是，這種定價方式也容易產品同質性過高，導致消費者難以區分，也會面臨價格戰的風險。另外，若是價格過低，可能會影響品牌的品質形象和利潤空間。

此外，有時候競爭市場定價也可能會讓企業陷入價格戰的泥沼，難以擺脫價格低迷的局面，而這可能會破壞產業生態，讓所有競爭對手都難以獲得足夠的利潤。

從競品差異化增強品牌及盈利

競爭市場定價法是一種比較保守的定價方式，品牌在採用此方式時，需要注意與競爭對手的差異化，以及自身的品質形象和利潤空間；同時，也需要注重品牌價值的提升，以增強品牌的競爭力。以 SoWork 團隊協助木地板品牌做市場調研時就發現，2018 年和 2019 年 K 牌和 M 牌的稅後淨利都勝於 L 牌。從二手資料搜集發現，K 牌的策略，一向是以提高營業效率為目標，設法控制好整體的成本。M 牌近幾年則一直維持著產品優良的口碑，以產能的優勢，在市場上占有一席之地。但很有趣的數字轉折，發生在 2020 年，當年 L 牌的稅後淨利率開始提升，甚至在 2021 年一舉超越 M 牌的稅後淨利率，成為三大品牌的第二名，SoWork 團隊開始更深入研究，從財務報表上，看出 L 牌的競爭策略。（如圖 3.21）

從營收成長率發現，在 2017 與 2018 年時，L 牌的營收成長

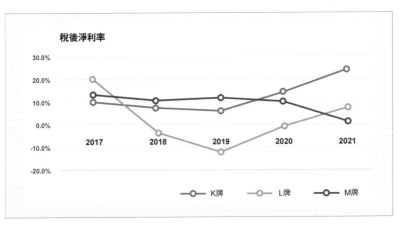

· 圖3.21：稅後淨利率比較
· 資料來源：各公司財務報告

率跟 M 牌走勢相同，但在 2020 年之後，不論是營收的成長率或是稅後淨利的成長率，幾乎都是三家當中最高的。雖然 2021 年 L 牌是因為大單而讓整個業績能提升六成，這幾年究竟累積了什麼特殊的策略？（如圖 3.22）

創建成長藍圖以擴大競品領先優勢

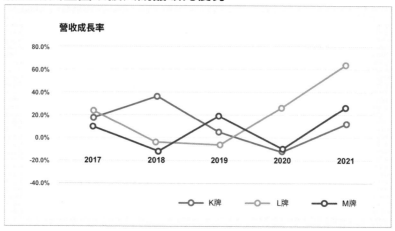

・圖3.22：營收成長率
・資料來源：SoWork

從財報當中的成本費用分析中看到，L 牌雖然不是營業額最高的品牌，但從 2017 年開始，其「機器及儀器設備成本」與「不動產廠房及設備成本」上，投資都高過競爭對手非常多，從 2017 年開始，幾乎每年的投資都超過對手 3 倍以上，整個投資的高峰落在 2020 年，已經超越對手有 5 倍之多。回頭審視那幾年 L 牌

的策略，會發現其在疫情期間，反而是更大規模地投資擴廠以增加產能，同時也更積極於國際佈局，在此策略下，造成成本高於其他兩個品牌，而這樣的投資，也在 2021 年獲得很好的回報。時至今日，當團隊比較三個品牌的優勢時，可明顯發現 L 牌已經發展出整合上下游的策略，使其可以同時經營木材板與塑合板的生產流程，並達到規模經濟，在此同時，也獲得許多國際品質認證，創造許多資本與技術的進入門檻，讓競爭對手難以在一兩年之內搶奪其生意。

或許，當競爭對手看著財報雀躍不已時，L 牌心中已經有自己的成長藍圖，而將部分利潤投資在關鍵項目上，因此，就算你採用競爭市場定價法時，看到自己超額利潤表現時，千萬不要太過開心，反而要注意對手是不是正在採取勉為其難的成長策略。

■ 積極搶攻的滲透定價法

滲透定價法是品牌為了吸引顧客嘗試新產品或服務時，常採用的一種定價策略，近乎破盤的定價，吸引競爭對手的使用者因為財務誘因而願意試用你的產品，增加自己產品的曝光和使用率。

在使用滲透定價法時，品牌需要同時考慮到回升到原價的操作方式。例如，訂閱制的服務可能會提供前七天的免費試用期，並在第八天開始收取正常的費用。在試用期間，品牌會不斷傳遞「付費解鎖完整功能」的訊息，期望潛在顧客因為產品或服務的

功能或附加價值而購買。即使顧客在試用期後取消訂閱，品牌仍然可以獲得顧客的個人資料，並透過電子郵件或再行銷方式，持續推薦顧客購買。

資金與市場競爭力的對決

滲透定價法確實具有吸引大量使用者、提高市場份額和知名度的優點。透過低價或免費試用期，品牌可以吸引更多潛在顧客嘗試產品或服務，並在實際使用後做出購買決策，提高購買的動機，有助於促成初次購買或建立長期客戶關係。同時，透過滲透定價法，品牌可以在短期內迅速提高市場份額和知名度，增加品牌曝光度，並對競爭對手形成壓力。品牌應評估定價策略的適用性並仔細考慮回升到原價的策略，以確保長期經營和持續增長。而消費性品牌的案例，以網上流傳一個「副總裁不小心轉了兩個億，結果反卻被雷軍罵了」的案例，最讓我印象深刻。影片中，身為小米副總裁的男子在演講時表示，在某一年618檔期的時候，小米科技的創始人雷軍一直要求他要藉由這個檔期，做出市場份額，雷軍也跟他表示「利潤不重要，市場份額才重要」。

結果，在他自認為極其成功的操作之下，不僅做出一定的銷售量，甚至還為公司帶來了一至兩億的人民幣利潤。當他帶著自信滿滿的成績單上報雷軍時，反而被雷軍罵，雷軍跟他說：為什麼要賺這一、兩個億呢？我給你的使命，就是要搶到市場份額，你有沒有想過，如果能將這一兩個億的利潤再投入市場，我們還能掙得多少份額呢？這種思維，的確是與一般人很不同。但這也

給各位想用低價搶奪市場份額的品牌，一個重大的警告，你要理解的是，當你真的要搶奪市場份額時，對手可能已經準備了兩億的資金，要跟你賠到底，那你有多少資金可以支持自己的滲透定價法呢？

誰適用滲透定價法

　　滲透定價，並非低價競爭，滲透定價是一個經過精密計算的過程。居住在牛津的經濟學者泰吉萬・帕丁格（Tejvan Pettinger）著作兩本與經濟學有關的書籍，在其部落格—經濟能幫忙（Economicshelp）就對滲透定價法，提出一個簡單易懂的解釋。

　　採取滲透定價法時，會先計算產品的邊際成本，再提出面對市場的定價。由於生產每一個商品，都有其固定成本，包括產線的調整、包裝設計等，當生產量越多的時候，固定成本會被越多的產品量平均分攤，相對而言，當你賣出的商品越多，你就能獲得更高的利潤，這也是為何小的新創品牌，常常無法採用滲透定價法，戰勝大品牌的原因。大品牌經由上下游的整合，具備有更大的議價能力，對於其供應商而言，大品牌擁有過去對數量的保證，供應商願意保留產能給大品牌生產更多的商品，也願意降價以換取大品牌更穩固的訂單和款項，因此，在數量優勢之下，大品牌的生產固定成本可以由更多的商品共同分攤，進而降低每一商品的邊際成本。而小品牌因為缺乏過往對數量的保證，在產能有限的前提下，供應商較不願意將產能留給小品牌，小品牌在缺乏量的優勢之下，也無法跟供應商談得更好的價格條件，最終，

小品牌的成本始終會高於大品牌。

　　這種現象，在大檔期的時候更明顯。讓我們以手機殼為例，讓讀者更清楚理解中間的差異，當雙 11 促銷檔期時，平台會希望各品牌推出 90 天內的最低價商品，配合平台的推廣，當大品牌訂下手機殼要下殺到 100 元時，小品牌也只能配合，而當大品牌的 100 元手機殼，不但材質創新、防撞一流而且也有設計感時，小品牌也被迫要推出類似商品，以符合市場需求。接著，問題就出在邊際成本了。理論上，當同一個生產線在生產類似商品的時候，每一個商品的材料成本、人工成本和運送成本，相差不會太大，影響較大的，就是固定成本。假設初期在設計產品、打模的成本都是 10,000 元，量的大小，就會有致命的影響。當大品牌願意承諾一次跟供應商訂購 10,000 份時，每個商品所分攤到的固定成本為 1 元，而小品牌因缺乏通路資源、行銷預算和品牌知名度，只敢承諾 1,000 份時，每個商品所分攤到的固定成本就是 10 元。相比之下，小品牌由於缺乏過去對數量的保證和市場份額，供應商對其不太願意保留產能或降價，因此小品牌的固定成本分攤較高，使得每個商品的邊際成本較高。這使得小品牌在面對市場時議價能力較弱，難以跟大品牌競爭，尤其在促銷檔期時更是如此。

　　因此，建議小品牌不在檔期中與大品牌競爭，以避免高固定成本和邊際成本對小品牌造成的不利影響。小品牌應該考慮自身的資源和市場定位，選擇合適的定價策略，並在其它時候尋找不同的競爭優勢，例如產品特色、品質、服務等，以在市場中取得競爭力。

洋芋片的滲透定價策略

　　而滲透定價該如何訂出價格呢？根據泰吉萬・帕丁格分享觀點中，他以品客 (Pringles) 為例，說明了滲透定價法的定價準則。假設樂事推出新口味時，為了要搶奪市場的份額，決定採取滲透定價法。根據過往的銷售經驗，畫出商品售價（縱軸）與銷售量（橫軸）的對照圖，根據此圖，可計算出在原有商品售價訂在英鎊 1.99 元時，銷售數量會達到 Q1。接著，根據內部計算，就算數量再大，最低的邊際成本約為英鎊 0.88 元，為了避免財務上的大量虧損，就將售價訂在英鎊 0.89 元，此時也可在該對照圖上，比對出理想上的銷售量—Q2。（如圖 3.23）

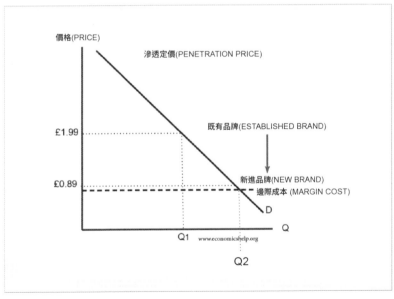

　・圖3.23：價格與銷售量對照圖
　・資料來源：ECONOMICSHELP

當對照出此一數量時，品客洋芋片就可以設定出此次檔期中，應該達成的銷售業績，根據此一業績目標開始佈局推廣計畫。

Amazon Prime 滲透定價的領先之道

Amazon Prime 是另一個很好的例子，它是一種可以長期使用滲透定價策略的方法，同時可以為品牌帶來利潤。以下是一些可能的方法：

①會員制度

設立會員制度，類似 Amazon Prime 的方式，讓消費者支付一定的會員費用，以獲得額外的優惠、特權或服務。這樣可以吸引顧客加入會員，並且在長期內繼續享受會員福利，從而提高品牌的客戶忠誠度和銷售量。

②產品附加值

除了降低價格外，可以在產品中添加附加值，例如免費贈送小禮品、增值服務或獨家內容。這樣可以增加消費者對產品的認可度和價值感，進而提高購買意願和消費者忠誠度。

③定期促銷

不僅僅在檔期中進行促銷，而是定期地進行促銷活動，例如每個月或每季度都推出特價活動，並且有固定的促銷節奏。這樣可以讓消費者形成對品牌促銷活動的期待，並且在長期內持續吸引消費者的關注和購買。

④客製化產品

提供客製化的產品或服務，讓消費者可以根據自己的需求和

偏好進行個性化選擇。這樣可以增加消費者對產品的價值感和滿意度,從而接受較高的價格。

⑤品牌形象和口碑經營

著重建立品牌形象和口碑,讓消費者對品牌產生信任和認可。這樣可以吸引更多的消費者主動選擇品牌產品,並且在長期內保持穩定的銷售。

總之,長期使用滲透定價法的關鍵是要在保持競爭力的同時,進一步提升品牌價值和消費者忠誠度,以獲得長期的利潤和市場份額。

Amazon Prime 會員,一年繳清只要美金 139 元,月繳的話一個月則是美金 14.99 元,而且,你還可以先加入 30 天的試用期,不滿意就隨時終止。成為 Amazon Prime 會員,你可享受快速出貨、免運費或是搶先採購等優惠,除此之外,還可能有額外的折扣、會員專屬的影音服務等。換算美國郵政的服務時,你就知道免運費有多吸引人了,根據 Shipbob 的官網計算,從洛杉磯運送一個約莫 3 公斤的產品至紐約,當你選擇 2 天的一般運送方案時,價格約為美金 94.5 元,若你的商品能裝進 USPS 的制式盒子當中(12吋 X 12 吋 X 5.5 吋),2 天的運送方案也要花你美金 22.45 元。在美國要送別人禮物,從亞馬遜直接送到對方家裡,會比你到實體店買好郵寄過去還便宜。

那 Amazon 究竟在圖什麼呢?它只是將滲透定價法作為鉤子,要吸引你買更多商品而已。對他來講,並不是計算 Amazon Prime 本身的獲利,而是計算對整個集團的幫助,當你為了要讓

Prime 的美金 139 元更划算，在你發動車子，準備出發到 Walmart 採購之際，你就會停下來思考，我自己開車花油錢到 Walmart 買東西，到時候還要自己運回來，那如果我在亞馬遜上採購，一年只要採購 10 次，每次的運費成果不過美金 13.9 元，這應該比我的加油成本、人工成本還便宜，如果我能採購 20 次的話，每次成本只要美金 6.95 元，那簡直太划算了。只要你這樣想，Amazon Prime 的滲透定價法，就達到它的目的了。

若回歸數據面的計算，根據顧客情報研究夥伴（Consumer Intelligence Research Partner）的計算，在亞馬遜的使用者當中，有價值的使用者，每年可貢獻約美金 1,500 元，而一般使用者則只貢獻美金 625 元左右。根據此 2013 的統計資料顯示，約有 40% 的美國亞馬遜使用者，有加入此會員計畫。而加入會員計畫的人，有 49% 的會員每年消費約在美金 800 美元，非會員當中只有 16% 的人有達到此消費水準。到了 2019 年，根據 Statista 的統計，亞馬遜會員的年均消費金額已來到美金 1,400 元，每個月平均都有美金 100 元的水準。換言之，在 6 年內，提高了 75%。

在電商競爭激烈的環境中，亞馬遜販售商品眾多，用個別商品的滲透定價法，或許無法收割到這麼好的成效，而且每個商品的賣家或商品經理，又多數不願意折損自己利益以達到推廣平台的目的。亞馬遜改用全站特定服務的滲透定價法，一方面增加用戶購買商品數量，另一方面也因為數量的增加，搭配導入各種新科技降低倉儲與運送成本，同時通過引入新科技和降低運營成本來保持其市場領先地位。

· 圖3.24：亞馬遜創始人暨現任董事貝佐斯宣布Prime會員方案的信件
· 資料來源：亞馬遜

宜家家居超低價商品吸引顧客

　　相同在使用滲透定價法做為鉤子的品牌，還有眾所皆知的宜家家居。

　　宜家家居擁有著名的便宜霜淇淋還有超低價商品，而每當你自以為能控制自己只買超低價商品時，結帳時總是相當意外。根據宜家家居北美創意總監 Richard La Graauw 接受 Vox 採訪時表示，在宜家購物的消費者，約只有 20% 是屬於邏輯理性消費，剩下的 80% 都會有情緒性消費，而對一般消費而言，理性消費的比例約莫佔 50%。為何宜家家居能創造這麼多衝動型消費呢？其次，

宜家家居使用超低價商品作為鉤子，吸引顧客入門，宜家家居以低價位、平實的商品價格聞名，特別是一些小型家居用品和配飾，如燈飾、餐具、植物等，價格通常相對較低。這些超低價商品吸引了顧客的注意，讓顧客更容易進入店內並開始購物。顧客可能會因為超低價商品而產生購買的衝動，並在購買這些商品的過程中，被店內其他更昂貴的商品吸引，進而產生情緒性消費。

總之，宜家家居成功地利用了店內設計和超低價商品作為鉤子，創造了衝動型消費的效果。顧客在宜家購物時可能因為情感因素而進行消費，不僅僅是基於理性和需求，這使得宜家家居能夠在激烈的電商競爭環境中脫穎而出。

宜家家居的策略是，在每個子分類中，都會推出一個超低價商品，讓你想要停下來看看，而超低價商品的數量並不多，有些品類中甚至只會維持一個超低價商品，這個超低價商品的定價，說不定不符合其生產成本，但只要能吸引顧客走進該區逛逛，就能達成其目的。

滲透定價法應注意事項

雖說許多知名品牌，都靠著滲透定價法成功地搶奪到市場份額，但那些免費好用又有名的服務，都是萬中選一的服務，這個世界上，會有多少個 Google？多少個 Facebook 呢？而你又有多少資金，可以支持你的免費服務呢？

在你要準備採用滲透定價法前，有兩件事情，你必須要先想清楚：

商品不可被搶奪的優勢

你的商品，是否真的有大品牌無法搶奪的優勢？你的低價推廣時期，會不會反而是在幫領導品牌教育市場呢？也就是說，當你在透過免費商品測試市場期間，大品牌可以快速地投入資源，發展出與你相同的商品，當他們研究透徹網友對你商品的評論後，還可藉機改良，接著，就是投入比你還多的預算，來搶走你的份額。等你敗退後，他再調整回應有售價。若你的優勢很容易被複製，那，你還是不要隨便走滲透定價法，會比較好。

知名度型的推廣資源推估

請記得，好的商品放在家裡，也不會有人知道的。你必須先估計好要讓哪些族群知道你的商品，還有策劃好推進的步伐，確保自己有籌措到足夠的資源，讓這些人都認識到你的商品，並在過程中，還有足夠的預算可以抵抗競爭者的詆毀，這樣的人力配置、夥伴結盟和資金預算，才會足夠支持你使用滲透定價法。

滲透定價法也需要足夠的知名度和推廣資源。如果你無法確保足夠的人群知道你的產品，並且在推廣過程中應對競爭者的詆毀，那麼這種策略可能不會取得預期的效果。在採用滲透定價法之前，應評估好推廣資源和市場知名度的預期，確保有足夠的資金和能力來支持這種策略的執行。如果你還沒有做好足夠的準備和資源支持，我建議你另謀成長之路，選擇其他更為適合的策略來推廣和發展你的商品。

滲透定價法挑戰龍頭的經典案例：
蝦皮挑戰台灣電商龍頭 PCHOME

2015 年年底，蝦皮主打 30 秒「隨拍即賣」C2C 模式進入台灣市場，並以大量補貼，吸引著無數買家賣家的使用。當時，身為台灣電商龍頭 PCHOME 集團，並未投注太多的關注在這位初來乍到的競爭者。

2016 年底時，時任 PCHOME 董事長的詹宏志，身邊開始有許多人和他說「我的小孩都在用蝦皮了」他明白，那意味著多數的年輕人正在轉移到蝦皮上。不過當他立刻檢查所有數據，旗下所有的電商平台，數據都沒有掉。儘管感到不安，但實質上 PCHOME 並沒有遇到什麼特別的威脅。畢竟蝦皮所瞄準的受眾與 PCHOME 的受眾有所不同。

但一陣子之後，網路上所有人突然都開始抱怨 PCHOME 介面老舊、不適合手機操作，不像蝦皮順暢又有補貼。此時，詹宏志董事長開始決定要轉守為攻。也要試著以補貼吸引流量。不過他無法直接以同樣 C2C 形式的露天拍賣來迎擊。畢竟，當時露天的營業額是蝦皮的幾十倍，若蝦皮花一億補貼，露天就至少得花十億。因此，當時 PCHOME 決定派出旗下的商店街去與蝦皮一較高下。

然而，當商店街推出補貼時，他發現，第一個月連 300 萬都花不完。那意味著，你要補貼消費者還不願意理你。

這時，詹宏志才真正地明白了蝦皮補貼的目的不是要獲利。而是快速改變台灣消費者「用 App 購物」的行為習慣，且其目標

瞄準的是「大東南亞」市場。

　　比起東南亞，台灣的線上購物的環境與行為模式是成熟的，只要有了台灣的成功案例，便可以向投資人保證他在其他國家也能取得成功，以吸引更多的資金。

　　蝦皮不斷地以這樣的模式在集資，而他們集資並非因為缺錢或需要建置什麼服務商品，而是要讓市場的資金都收到自己的口袋，使得競爭對手沒有錢。他們才能在補貼戰上消滅對手，最後改變整個市場消費者的行為，獨大整個市場。

　　於是，某次的創業論壇上，有人問起這場戰役他最後悔的決策是什麼時，詹董事長感嘆的說「太晚重視資本市場，是我最大的後悔。」

■ 趕緊成交的搶購定價法

　　搶購定價法，就是訂一個較高的定價後，讓品牌操盤者有更多的空間，針對不同的市場環境和消費者需求急迫性，陸續訂出不同的價格，重點在創造現在買最划算的印象，募資商品就很常用此一操作。

線上課程募資策略

　　募資商品為了衝高初期募資的聲量，很偏好用價格操作方式，以吸引早期使用者購買商品。當初我與燒賣研究所共同推出線上課程 -BTB 零售獲利學時，就是以三個老師的超精品課程，

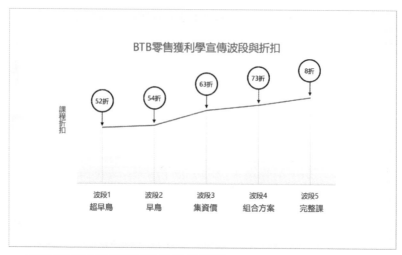

· 圖3.25：BTB零售獲利學宣傳波段與價格帶策略
· 資料來源：SoWork整理

想測試此市場對高單價精緻課程的接受度，超早鳥的方案，是以52折面向市場，隨著時間推進，逐漸轉變成54折、63折到最後的8折優惠，在課程頁面上，隨時優惠倒數計時的方式，也是要促進消費者趕緊購買，避免錯過優惠時刻（如圖3.25）。以下是一些建議，幫助你在募資期間維持銷售氣勢，並在募資期後繼續保持良好的銷售情況：

①提供足夠的價值感

確保你的募資商品能夠提供足夠的價值感，讓潛在客戶覺得商品的價格是合理的。這可以通過在產品設計上講究品質、功能性和實用性，以滿足目標客戶的需求和期望。同時，你也可以在行銷包裝中突出強調產品的獨特特點和優勢，以吸引客戶並讓他

們產生購買的動機。

②講師或專家的價值感

如果你的募資商品是一個課程或培訓項目，講師或專家的價值感對於定價非常重要。確保你的講師或專家具有豐富的經驗和專業知識，並在行銷中突出他們的專業背景和成就，這樣可以讓客戶對你的課程產生信任和價值感。

③考慮市場價格和競爭情況

在設定募資商品價格時，需要考慮市場價格和競爭情況。了解類似產品在市場上的價格範圍，並確保你的價格在合理範圍內。同時，也需要考慮競爭對手的價格和行銷策略，並在定價上設計出差異化，以吸引客戶。

④銷售預算和行銷策略

確保在募資期間充足的銷售預算和行銷策略，以推動產品的銷售。可以通過社交媒體宣傳、網絡廣告、郵件營銷等方式來提高產品曝光度和吸引客戶的興趣。同時，也可以考慮舉辦線上活動、合作夥伴推廣等方式來增加銷售機會。

根據在 SoWork 的經驗，以下是加強募資品牌的幾個建議：

①搭配其他商品的銷售

在募資過程中，除了專注在主打商品的銷售外，也可以考慮同時販售其他已經可以獲得的商品。例如，當對你的募資商品有興趣的潛在客戶上門時，你可以提供其它商品的購買機會，從而吸引更多對你品牌有興趣但不願等待的客戶，同時增加募資期間的投放效益。

②將募資當作行銷手段

募資不僅僅是為了獲得利潤，而更是一種行銷手段。透過募資，可以讓早期使用者認識到你的商品，藉由行銷的手法，讓他們可以了解你的品牌。同時，透過早期使用者的試用過程，你可以收集寶貴的意見，了解商品需改進的方向，並在正式推出新產品前進行改進。

③使用市場監測工具

市面上有許多市場監測工具，例如 Repricer.com 等（如圖3.26），可以協助品牌解決市場價格的變動問題。這些工具可以根據你的設定，自動調整價格，例如在沒有競爭者時，自動調整價格到品牌設定的最高價格，提供即時性的價格調整，幫助品牌

・圖3.26：Repricer提供的介面設定
・資料來源：Repricer.com

在市場上保持競爭力。

④行銷為目的的設定

2019 年，前往葡萄牙參加全球網絡會（Web Summit）時，當時在周邊，就有許多小活動的舉辦，我對募資很有興趣，就前往參加一場由美國募資領導品牌—Kickstart 產品經理的活動。當人們問他說，該如何在募資中創造利潤時，他的回答令我非常驚訝。他說，募資的目的，不是在獲得利潤，在他這麼多品牌操作的經驗中，發現要透過募資創造利潤的案例實在不多，身為產品經理，他反而建議品牌應將募資當成行銷手段而非獲利管道。總而言之，除了專注在主打商品的銷售外，搭配其他商品的銷售、將募資當作行銷手段、使用市場監測工具等策略，可以協助品牌在募資過程中增加銷售機會，並提升品牌的知名度和市場競爭力。

如圖 3.27 所示，下圖所設定的條件是：請機器人每小時去查價格一次，當有任何一個東西價格比我低的時候，請將我的價格維持在我設定的價格 15 分鐘。而你設定的價格就是上一步驟的結果。

· 圖3.27：Repricer提供的價格設定反應條件
· 資料來源：Repricer.com

而要能進行此一設定的前提，是訂定足夠高的訂價，才會讓價格操作之間，有更多的彈性調整，否則，當你設定的價格很貼近於市場上競爭者的定價時，可操作的空間就不大了。

　　因此，針對類似募資操作的品牌，定價時，會有以下原則可參考：

第一：決定最低生產量時的生產成本

　　通常平均生產成本會因為產量的提高而降低，因此在「高估成本」的心態下，你必須先設定好只會產出最低量時，每一個商品的生產成本。

第二：計算終端價格

　　終端價格跟類似商品的市場接受價值有很大的關係，例如你生產的是一個橡皮擦，終端售價想提高到新台幣 500 元，就會是很困難的事情。而當你生產的是一個電腦螢幕，終端售價只定在新台幣 100 元，則會讓人無法相信這個螢幕是否可靠。

　　終端零售價格通常是在生產成本的 5~6 倍左右，而這個價格，這個價格，並不包括你犒賞用戶的會員積點優惠、搭配小贈品或免運費等成本。

第三：計算獲利時，以六折計算

　　通路端肯定會吃掉商品的很多利潤，以保守估計來講，至少要留下 40% 的利潤，給予銷售或通路端作為推廣商品的成本，在一開始計算營運成本時，確實應該考慮通路成本，並將其納入定價的考量。這樣可以避免在後期推廣時因通路成本過高而驚訝，並確保品牌有足夠的利潤空間來擴展通路和維持營運的穩健性。

第四：計算運送成本

多數的用戶都是喜歡售價含運費，當你計算出以上的終端零售售價後，記得要計算出免運費的價格和免運費的範圍，假設商品設定價格為 30 元，而運費平均而言是 8 元時，建議你的售價就是 38 元含運費，而不要是 30 元的售價，另外加上 8 元的運費。

第五：掃描市場價格

針對以上的設定售價，請記得要請團隊重新掃描過市場的類似商品售價，藉由此過程，你可以重新紀錄競爭對手的強調優勢和提供價值，當你的價格超越競爭對手時，請記得要讓顧客感受到比你競爭對手還有價值的特色；在此過程中，最常犯的錯誤就是誤把規格優勢當成價值優勢，例如，我的手機處理器比競爭對手快 8 倍，這就是屬於規格優勢，但如果是我的手機打開 LINE 的時間，會比競爭對手快 8 倍，這就是價值優勢。你必須用客戶的視角，思考此價值是否會讓客戶願意多支付該成本。而非只單方面認為規格的好，就應該多付成本。

第六：決定最終售價

經過精密計算後，你的成本落在 32 元時，請不要這樣展現給世人，最佳的定價都是落在 4 或 9 結尾的定價，因此，當你成本落在 32 元時，請提高你的售價到 34 元或是降低到 29 元。雖然這種 4 或 9 結尾的價格，在市場上已經操作多年，但經過實證表示，始終還是很有用。

■ 讓人想望的吸脂定價

根據估計，高階奢侈品牌一年的產值約在美金 3,087 億左右，在未來三年，預估會有每年 7% 的成長率。事實上，價格策略在奢侈行業中，是相當重要的一環，當折價過於頻繁時，人們就會喪失對品牌的嚮往感，而當經營管理階層要追求快速成長時，又常常會把念頭轉向到降價策略。不過，從過往經驗來看，過於頻繁的降價對高階奢侈品牌而言，總會是一大損傷，像是 Burberry 或是 Ralph Lauren，曾經就為了過於頻繁的降價，而造成品牌的損傷。雖然這些品牌不一定會在直營店打折促銷，但每當到東南亞時，就知道那邊的 Ralph Lauren 特別便宜，或是抵達美西某些暢貨中心時，就知道可以撿到很便宜的 Burberry，這也都對品牌形象都會有持續的損傷。就像星巴克在疫情期間頻繁推出買一送一的優惠，可能在一開始吸引了顧客，但隨著優惠力度不斷提高，顧客會感覺到產品價值降低，對於品牌形象和價值的認知也可能受到影響，這對於品牌來說是一個重要的警示，過於頻繁或過度降價的促銷活動可能會損害品牌形象和長期價值。

根據澳洲知名的定價策略顧問公司 Tailor Wells 在疫情後發表的《如何將奢侈品定價策略應用於時尚產業》一文中表示，策略性的定價和調漲定價可幫助奢侈品牌轉變形象。根據近期從 Coach、Michael Kors、Tory Burch 和 Kate Spade 所公布的數據顯示，過去一年當中，其奢侈品牌的定價，在美國已經調漲了 36%，在英國則是調漲了 26%。策略性地調漲價格結合相對應的

行銷操作，更可以扭轉品牌在消費者心中的印象。

2008 年，金融海嘯衝擊之下，Coach 在高價的奢侈品牌與低價快時尚市場中，主打「輕奢」的品牌定位。在擁有一定工藝水準且價格相對親民的狀況下，很快就受到年輕族群與都市白領的青睞。同一時期，與其定位相近的 Michael Kors、Tory Burch 和 Kate Spade 也跟著同時快速崛起。

Coach 的火熱程度，從 2008 年一路成長，在 2013 年巔峰時期的營業額甚至遠勝現今 Prada 集團的業績總和。然而，隨著人們經濟條件復甦，加上許多小眾設計師獨立品牌的興起，大眾對於 Coach 等類品牌的熱情開始快速消退，業績一路下滑。到 2020 年時，其業績僅剩巔峰時期的六成。過去令人著迷的「輕奢」如今成了不上不下的尷尬定位。

而就在聲勢最低迷的時候，Coach 決定擺脫過去「輕奢」平易近人的形象。大量減少促銷活動，提升門店樣式質感，退出部分促銷百貨商場通路，同時增擴品類，完善男裝部門，強化腕錶系列，瞄準不同族群，全面提升其時尚與奢侈印象，並接著調漲旗下各商品的價格。

在調整價格的過程，也掌握著吸脂定價法的精神。吸脂定價法是一種定價策略，其核心思想是針對不同的顧客群體訂定不同的價格，以滿足他們不同的消費需求和支付能力。這種策略通常在奢侈品牌和高級品牌中使用，不僅得以確保品牌在定價上能夠保持高級和獨特的形象，同時也能夠吸引不同層次的顧客。

根據統計顯示，以上奢侈品牌並非齊頭式地針對所有商品調整相同的調漲幅度，而是針對最多銷售量的洋裝和襯衫調漲最高，漲幅分別為 46% 與 35%，外套漲價幅度為 34%，而手提包和套裝則分別調漲 29% 和 25%。從此推論，品牌反而是針對頻繁購買的忠誠消費者，調整了最大的價格幅度；對於偶一為之吸引來的手提包及套裝購買者，反而是儘量減少價格調整對此類族群的衝擊。

經由以上定價策略的調整，品牌可藉由明星商品的定價，維持品牌既定的奢侈形象，也同時可讓品牌在大環境變動時，爭取到更多的成長操作空間。以 Michael Kors 為例，在疫情期間，非折扣品的銷售業績掉落了 14%，而其 5 折到 6 折之間的優惠商品，則在同期增加了 20% 的銷售業績，3 折到 4 折的優惠商品，更提高了 25% 的銷售業績。在時間限定的原則下，該品牌透過定價的彈性，操作優惠定價策略，為自身品牌吸引在疫情期間吸引到一群新的顧客，而 Coach 更是在這段期間回到將近當時巔峰的水平，達到逆勢成長的目的。

飯店業定價策略

類似的定價策略，也發生在飯店業，飯店業是一個供給固定的產業，每個飯店可提供多少的房間數，在蓋好的時候就確認了，要能提升營收，最關鍵的就是定價策略。因此，你可看到，若當地法規規定飯店必須公告定價時，飯店都會先根據市場行情，定下一個較高的房間定價，以便後續有操作的空間。常見的飯店操

作價格策略，大致可分為以下八種：

①空房定價法

根據旅遊旺季和淡季的變化，調整房間價格。在旅遊旺季，房間價格通常會相對較高，以滿足高需求和提高利潤。而在淡季，為了吸引更多的客戶，可能會降低房間價格，以刺激需求。

②預測定價法

針對未來要舉辦重大展覽或旅遊時節時，提高房間售價，在商業展覽期間，提供提前預訂的客戶優惠價格，鼓勵客戶提前預訂，確保提前預訂的穩定客源和提前收到款項。

③競爭定價法

時時監測競爭對手的價格和服務項目，當競爭對手調整價格時，同時也注意其更改的服務項目，以免自己不小心折損了成本。

④通路定價法

針對個人、團體、公司行號和旅行同業，設計不同的報價方案，畢竟多數的個人，總是喜歡嘗試不同的飯店，重複造訪的機會比較少，而旅行同業則偏好不要更換太頻繁，只要能讓他好做生意，更傾向於不換飯店。也因此，才會設計出同行優惠價。

⑤停留天數定價法

長住方案可以為商務人士節省住宿成本，因為通常長期入住會獲得更好的價格優惠。其次，長住方案可以提供穩定的居住環境和設施，符合商務人士對於長期居住的需求，例如充足的工作空間、高速網路、洗衣設施等。最後，長住方案也可以幫助飯店提高客戶保持率，增加客戶忠誠度，並建立長期的合作關係。

⑥客人定價法

有些人，一定要有健身房，有些人，只求舒適好住的房間，有些人，喜歡有良好的商務空間，飯店就會針對不同的客戶需求，提供不同訂價和服務。

⑦升級定價法

這通常是結帳或臨櫃時，會採用的手法，就是在最後一哩路時，提醒客戶，剛好只剩一間更好的房型，現在你只要多付一點點錢，就能升級。升級銷售手法可以在客戶結帳前的最後一刻創造迫切感，促使客戶做出決策，並願意支付額外費用以升級房型。

⑧忠誠會員定價

針對會員，推出不同的會員累積服務，當你超越特定等級時，會額外提供如當年的免費住宿，以吸引會員持續訂購該體系的房間。為避免與其他通路的衝突，多半的福利，都不是反映在價格上，而是反映在服務項目上。

針對吸脂定價法，不同行業仍有不同的案例，當品牌確保自己能在品牌宣傳、產品體驗等方面，持續提供好的價值，讓較高的定價被顧客買單，你就可以參考以上案例，列出自己可行的彈性操作價格手法，並進一步落實成未來一年的行動準則。

◼ 價值定價法

　　價值定價法，是品牌在定價時，可以根據市場對類似價值訴求的商品價格接受度，來進行定價。這種方法可以根據市場上類似產品的價格水平和消費者對價格的接受度來確定品牌相關商品的價格。在缺乏數據支持或品牌定位不清晰時，通常會使用廣泛性價值訴求，例如「平價」、「高階」或「專業」等作為定價研究的起始點。

　　過去的實證研究顯示，品牌在訂定價格時通常是先決定定價，再決定價值主張，而非先決定價值主張，再決定定價。這裡所指的價值主張，並非品牌的情感主張，而是顧客產品功能面的主張。這是因為在產品研發過程中，品牌可根據市場需求和競爭情況來調整產品的功能和特點，以滿足消費者的價值訴求。

　　以台灣保養品和美國手機殼為例，說明產品研發過程中如何透過市場數據獲得實證的方向。

以價值訴求，研究定價策略

　　整個保養市場，都是競爭激烈的市場，精華液也不遑多讓，對於想進軍精華液的新品牌而言，產業尚未有統一的標準去細分「精華液」這個市場，只能憑藉經驗說出不同精華液品牌的差異性，為了要讓市場研究的分類法能與產品開發方向、市場推廣同步，團隊應用鷹眼發票數據庫，研究在 2021 年 4 月至 2022 年 3 月之間，於發票數據庫中搜集到的 72 個品牌與旗下的 130 個商

品，進行統整分類，經過約莫 10 種分類方式推演後，以《數據為王》一書中提到的競爭三角形，統一市場分類。（如圖 3.28）

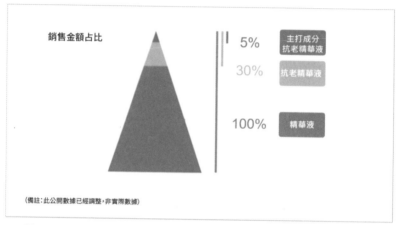

（備註：此公開數據已經調整，非實際數據）

・圖3.28：競爭三角形
・資料來源：鷹眼發票數據庫

利基市場競爭帶｜同時主打抗老與成分的精華液。

　　這類型的品牌，是會強調其精華液中含有特殊的成分，而該成分可抗老，例如 DR.WU 溝通其精華液時，會強調玻尿酸、杏仁酸等成分，就屬此類。此類型的商品佔市場銷售額約為 5%，

關鍵市場競爭帶｜只主打抗老的精華液。

　　這類的品牌，是主打抗老的成效，但不會將成分放在主要溝通訊息上，例如雅詩蘭黛的精華液介紹，就只會提到特潤超導賦活精萃，明確提到抗老的功能，但不會主打其成分，此類型的商品占市場銷售額為 30%。

　　某些精華液，不會有太多的包裝話術，相較之下，更像是以品牌資產，吸引用戶購買其精華液，例如碧兒泉的精華液，標題只寫「奇蹟特嫩精華」，視覺上也沒有強調抗老時，常會使用的更多包裝詞彙和視覺。而此類型的商品占市場銷售額約為 70%。

　　按照此分類，品牌可思考未來的佈局，究竟要雙軌並行地同時溝通成分和抗老，或是專攻抗老訴求。野心再大一點，就是花更多資源建立品牌知名度，讓顧客為了追求此品牌而購買我們的精華液。至於哪種分類比較好，還須參考接下來的數據。

不同市場中的競爭對手數

　　在不同市場範圍中，統計出的品牌數與產品數如下，「主打成分與抗老精華液」市場的品牌數為 13 個，產品數為 20 個，競爭的力度最小，品牌以 DR.WU 和 KIEHL'S 為代表。「僅主打抗老的精華液」市場的品牌數為 30 個，產品數為 45 個，競爭品牌不多，但個個來頭不小，代表品牌為雅詩蘭黛與資生堂。「僅訴求精華液」市場的品牌數為 50 個，產品數共為 102 個，品牌和產品數都是三類當中最多的，銷售額也是此三類別中最高的，代表品牌為碧兒泉和蘭芝。（如圖 3.29）

不同分類的價格區間

　　從以上的競爭態勢來講，要跟雅詩蘭黛直球對決，的確是不自量力，但若我們想賣好價格時，究竟會落在哪種訴求比較好

・圖3.29：競爭市場對手數
・資料來源：鷹眼發票數據庫

呢？若將每個分類中的產品，分為四等份，分別列出落在 25%、50% 和 75% 的價格時 (如圖 3.30)，會發現抗老精華液的定價的確都比較高，雅詩蘭黛和資生堂等品牌，的確有營造出溢價空間。而在「主打成分抗老的精華液」和「精華液」相比較時，可看到「主打成分抗老精華液」的價格落差比較大，從新台幣 140 元到新台幣 45 元，而「精華液」則是在新台幣 120 元和 48 元之間。在價格範圍上，若我們能將品牌的成分和抗老訴求，價值提升到能與該類別的前 25% 品牌相近，或許會比落在「精華液」更好。

若要細分到整體精華液市場的熱銷產品，也可根據定價區間，分別看到不同定價區間的主要競爭者，當競爭者被明定出來時，產品開發和推廣計畫就更有對標的對象。根據鷹眼發票數據庫統計，市佔前 20 名的產品中，前 2 名皆為高價產品（定價 $82/ml-$136/ml），市佔總和為 30.5%。而超高價產品（定價 $150/ml-

・圖3.30：競爭市場定價範圍
・資料來源：鷹眼發票數據庫

$513/ml）也有 10.2% 的市佔率。由此可見，有約 4 成的消費者願意花高價購買精華液，若品牌真的要開發高價商品時，只要價值能予以上競爭者競爭，是不擔心沒有市場的。（如表 3.31）

	定價(NT$/ml)	市佔總和	該區間市佔第一名產品	該產品市佔排名
超高價	150 ~ 513	10.2%	GIORGIO ARMANI 黑曜岩新生奇蹟綠晶萃	(No.5)
高價	82 ~ 136	30.5%	蘭蔻超未來肌因賦活露(小黑瓶) 雅詩蘭黛特潤超導全方位修護露(小棕瓶)	(No.1) (No.2)
中價	70 ~ 81	11.8%	KIEHL'S 契爾氏 11kDa超導全能修護露	(No.4)
低價	40 ~ 65	21.3%	KIEHL'S 契爾氏 激光極淨白淡斑精華	(No.3)

(備註：此公開數據已經調整，非實際數據)

・表3.31：產品銷售排行(按價格區間)
・資料來源：鷹眼發票數據庫

延伸研究「主打成分抗老精華液」與「抗老精華液」品牌行銷策略

當商品定位在「主打成分抗老精華液」時，品牌更注重產品力，強調產品的成分及其抗老特性。品牌形象主要建立在產品的科學性、專業性和高效性上，並且與顧客進行深入的產品成分溝通，以說明產品的獨特價值和優勢。

在推廣層面上，品牌的行銷重點會放在產品成分的介紹和效果的展示上，透過科學解說、實證結果等方式，強調產品的科技含量和效果，並且強調與其他競爭品牌相比的優勢。傳播通路上，品牌會選擇新型媒體進行宣傳，如社交媒體、網紅或素人合作，以便於與目標消費者進行更直接、即時和互動性較高的溝通。透過與素人或 KOL 合作，拉近與用戶的距離，增加品牌曝光度與好感度，並且進一步強調產品的成分和抗老效果。

「抗老精華液」品牌則更注重品牌形象，以議題經營品牌形象，從而帶動產品銷售，行銷重點多以產品功效為主。傳播通路上傳統媒體仍有定量投資，合作人選也以明星或具有高知名度的 KOL 為主，利用他們的粉絲力提高品牌形象。

以上，以精華液為例，透過市場數據，理解顧客對於「成分可抗老」、「抗老」和「品牌」精華液所願意付出的價格不同，當你要推出類似商品時，就可參考其價值訴求及定價，訂定自己的價值與定價。

以價格前提，研究價值訴求

接著我們來看美國手機殼的犀利釦案例中，當產品定價在中高價位時，產品開發和推廣的方向與低價位的商品有一些不同之處。

SoWork 團隊進行了美國市場上手機殼產品訴求的分類，包括便利、功能、保護和情境四大類別。這有助於團隊更深入地了解市場上的競爭情況，並瞭解競爭者在不同訴求上使用的關鍵字。（如表 3.32）

類別	使用詞彙											
便利	Adjustable	Swappable	Foldable	Degree	Angle	Expand	Portable	Height	Flexible	collapsible	arm	multi-angle	neck
功能	Kickstand	popgrip	Metal	Charge	Magnet	base	MagSaf	Wireless	Stent	multi-function	Bike		
保護	case	Cover	Alloy	Bumper	Protect	Silicon	Thin	Adhesive	Anti-Stratch	Support	Anti-Slip	Hard	Rhinestone
情境	compatible	Mount	desk	Desktop	Office	Bed	Wallet	Wall	lazy	clamp	Kitchen	Shower	Bathroom

- 表3.32：美國亞馬遜平台手機殼產品訴求常用詞彙一覽表
- 資料來源：美國亞馬遜

其次，團隊也掌握在使用相同關鍵字時，如何能夠彰顯出比競爭對手更具優勢的特點。

例如，當使用關鍵字「摺疊」時，圖文需展現出比競爭對手更好的摺疊功能，以吸引消費者的關注。

最後，團隊強調了尋求差異性的重要性。即使在訴求相同的情況下，也應該尋找與眾不同的詞彙，以突顯產品的差異性。例如，在講述便利性時，可以使用新穎的詞彙來突出產品的獨特性，從而與競爭對手區分開來。

綜合而言，當產品定價在中高價位時，產品開發和推廣應注重以下幾點：強調產品的優勢特點，尋求差異性，並使用新型詞彙以提升產品的獨特性。同時，透過研究競爭者的關鍵字使用情況，找出與競爭對手不同但有吸引力的關鍵字，以提高產品在市場中的曝光度和好感度。

　　當要比較價位與價值訴求，分析團隊將所有商品，按照價格分為三個類別，分別為「前 25% 高價」、「定價位於 26%~75%的中位數」和「後 25% 低價」的商品類別，再將所有的產品訴求，按照這三個區間進行出現頻率的排序 (如圖 3.33)，結果發現，高價的手機殼，其訴求有相當多的版面，在情境式的訴求，透過人物情境的應用，增加消費者的帶入感，反而很少提到便利、功能和保護；相反的，低價商品在相同版位的產品描述中，會增加很多「便利性」描述，同時也附帶功能性的描述。

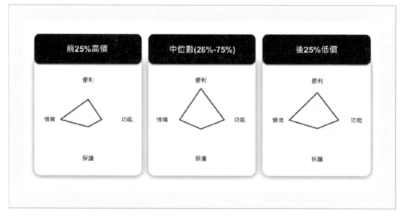

・圖3.33：按照價格區分手機殼的價值訴求
・資料來源：美國亞馬遜

當品牌在手機殼市場中，想要走向高價定位時，團隊會建議在既定的產品描述版位中，應該增加情境感的訴求，而非純粹的產品照。

　　定價策略是成長策略中很重要的一環，光靠自己的直覺，會害你要花費許多資源，才會學到過往的錯誤，對於品牌而言，應先留下充分的時間，進行定價策略的市場研究，擬定不同情境下自己的定價策略，推導出最適合自己的劇本，才能為品牌打造一個永續的生意模式，有助於提高品牌的市場競爭力和獲利能力。

讓用戶告訴你
機會在哪？

掏錢出來買單商品的，始終是活生生的人，而不是一個個臉書帳號。這就是為什麼很多有關行銷傳播、設計思維、新型行銷方式，以及成長駭客行銷等等的理論，都始於對用戶的研究。品牌在剛起步時，要先找到產品差異性，賺到第一桶金，品牌在找第二曲線時，透過品牌差異性，擴及更大的用戶基礎，品牌在擁有穩固的用戶基礎後，會需要從既有用戶促進更多價值，而隨著用戶行為改變，品牌也要與時俱進地改變溝通手法。

這個章節中，我們將從產品、品牌、現有使用者和市場推廣這四個角度，深入探討使用者研究的重要性，並透過案例加以說明。

從產品價值，
站穩第一成長曲線

■ 強化產品功能以提升品牌識別度

　　大多的品牌企劃師，都鼓勵品牌要訴諸情感價值，先找到大眾對情感價值的需求點，匹配品牌能提供的情感價值後，找到共鳴點，放大共鳴點進行傳播。但對小品牌而言，也是這樣嗎？

　　實則不然，當我回顧各大品牌發展史時，我發現每個品牌，都是從溝通產品的價值為起點，每個品牌在草創期，都必須先強化自己的產品功能價值，增加大眾對自身品牌的識別度。

從產品到品牌｜Nike 轉型之旅

　　Nike 在 1964 年 1 月 25 日創立時，使用的不是目前的勾勾符號，也沒有 Just do it 的經典口號。創業初期，是用藍帶運動（Blue Ribbon Sports）的品牌名稱（如圖 4.1），做日本知名運動品牌─鬼塚虎（Onitsuka Tiger）的美國經銷商（以下稱虎牌，後來有段

・圖4.1：Nike logo演變
・資料來源：Design your way

時間品牌名更改為亞瑟士），當時的心境也與許多經銷商一樣，除了經銷別人的商品外，也想設計自家的商品，獲得更好的利潤，也是一圓自己的品牌夢。

真正促成 Nike 第一個產品誕生的，並不是一個浪漫的故事，而是一個殘酷的現金壓力。藍帶運動在創業初期，業績持續成長，但因為現金流管理不佳，造成日本原廠對於該公司的不信任，因此決定要延遲交貨到美國的船期，此舉，直接造成藍帶運動不僅沒有現金流，甚至還沒貨可賣。在這麼重大的危機之下，藍帶運動才決定要加速自身產品的研發，而在 1972 年，創立了自身的品牌 Nike，以美金 35 元的價格，請設計師幫忙設計了一個打勾勾的品牌標誌，就趕緊上架。照理講，擁有穩定經銷通路的藍帶運動，應該是對自己的銷售更有信心，第一批商品至少也會產生幾千雙，但事實完全相反，他們很擔心首批貨會賣不掉，首個亮相

的產品—月亮鞋（Moon Shoe）總共也才生產 12 雙。（如圖 4.2）

其實，每個創業者都是相當謹慎的，創業初期，真的不必被成功的大案例所魅惑，而做太多自己無法承擔風險的事情，還是謹慎地先將產品做好，讓公司營運穩定後，再追求逐步放大的下一個里程碑即可。

・圖4.2：Nike首個自有品牌球鞋—月亮鞋
・資料來源：mikeshouts.com

Nike 剛開始做自己商品時，也是將大多的時間，投入在研發更好的產品功能價值，而非訴求很遠大的品牌情緒價值。兩個從田徑場出身的創辦人，根源於對跑步的熱愛，一直深度參與田徑的比賽、會議和教育活動，從近身觀察的用戶研究，了解田徑選

手的真實需求，進而改善現有市場上的球鞋功能，用自己的概念，推出新的球鞋。

1966 年，Nike 共同創辦人鮑爾曼（William Jay Bowerman）決定跳脫傳統的皮革設計，全新設計一款以軟尼龍為材質的運動鞋，剛開始也是先嘗試代工，說服虎牌使用其設計。面對相對保守的日本企業，鮑爾曼費了九牛二虎之力，才終於說服虎牌採用，最終因其能加快反應速度的功能特色，成為當時虎牌旗下最暢銷的鞋款。在 60 年代末期，搭配田徑跑道陸續更換新材質的時機，持續推出能加快反應速度的運動鞋。

從 1964 年開始做產品到 1971 年推出自己的產品，一直以產品訴求取勝的 Nike，直到創業 12 年後，才開始邀請廣告代理商發展第一個完全以情緒溝通的行銷活動─沒有終止線（There's no finish line），也陸續展開訴求品牌情感價值的溝通。（如圖 4.3）

不只是 Nike，當只看大品牌的現在，會以為大品牌都很願意花預算做純品牌情緒價值溝通，就像是在 Nike 的廣告中不強調球鞋功能、星巴克的廣告中不說咖啡多好喝，但若深入去看每個品牌的開始，其實都跟 Nike 一樣，都是先訴求產品功能價值。

蘋果（Apple）剛開始，也是寫著蘋果電腦，星巴克剛開始，寫著星巴克咖啡、茶和香味，麥當勞寫著麥當勞燒烤（Barbecue），幾乎你所認識的大品牌，都是從產品訴求開始的，透過產品的優勢站穩市場後，才能讓自己用第一桶金，去營造更高位階的品牌定位。

當我們回顧不同品牌，從成立初期到事業穩固時的訴求，就

・圖4.3：Nike首張不以產品為主的海報—There is no finish line.
・資料來源：Union Room

可看到一種從功能價值訴求轉變到情感價值訴求的軌跡。蘋果電腦初期主力在強調「在家最方便的電腦」到後來的「不同凡想」；星巴克在初期致力提供最好的咖啡，到現在強調「都從你的名字開始」；麥當勞初期以提供大量又平價的食物闖出名號，經過數十年，才到現在的「I'm loving it」；亞馬遜從什麼書都賣的網路

書店，到現在鼓勵大家工作認真、盡情享樂到創造歷史。（如表
4.4）

品牌	初期品牌識別	初期產品功能價值訴求	現行品牌情感價值訴求
蘋果		強調在家最方便的電腦	Think Different
星巴克		強調高品質的咖啡豆和設備	It starts with your name.
麥當勞	McDonald's FAMOUS BARBECUE	強調提供大量而且平價的食物	I am loving it.
亞馬遜	amazon.com	「世界最大的書店」強調什麼都有賣	Work hard, have fun, make history

- 表4.4：不同品牌從初期產品訴求到情感訴求的轉變
- 資料來源：SoWork

　　幾乎所有的品牌，都不是推出的第一天，就以具備情緒感染
力的廣告，吸引消費者上門，每一個品牌都是先用產品優勢說服
市場相信它，經過至少 5 年的時間賺取第一桶金後，才會開始勇
敢地在大眾傳播媒介中，以沒有產品露出的廣告訴求品牌精神。
就算被崇尚為神話的蘋果，也是在 1976 年推出第一代產品的 8 年
後，才推出經典廣告《1984》，在該影片中幾乎不討論產品規格，
純粹以品牌情感價值煽動群眾。
　　從以上的種種案例可看出，幾乎所有的大品牌，都是先發展

具備優勢的產品，為事業奠定良好的發展基礎，這過程必須先透過密集的用戶研究，找到產品能在新市場站穩的功能價值，持續優化產品功能，經過市場驗證能站穩腳步後，企業才會有足夠的資源，用情感價值的品牌定位，將品牌再推升到另一個層次，大幅度地提高品牌價值。

Nike 創辦人本身狂熱於田徑運動、山葉（YAMAHA）音樂設立專給頂尖音樂人使用的錄音室、寶僑（P&G）要求團隊要入戶訪談、亞馬遜（Amazon）要求開會時要留一個空位給用戶，市場上很難有憑空就能產出優秀產品的可能，每個創意都是基於對用戶的研究或觀察而成，不知如何開始研究的人，可從《獲利世代》中的「價值主張畫布」到「設計思考」中的「同理心地圖」，進一步參考其中的用戶研究思維。

值得企業主小心的是，當你要邁向第二個市場，獲取驅動企業成長機會時，絕對不能用原有市場的用戶需求，直接複製到第二個市場中。到一個陌生的新市場，仍然要從用戶數據中，重新找到自己產品功能價值的獨特性，重新以符合在地需求的功能價值，站穩該市場的腳步，一來不能套用過往市場的訴求，二來，在站穩市場前，也不要輕易地走向情緒價值訴求，不然，就很有可能會重蹈 iPhone 在日本的經典失敗故事。

iPhone 在日本挫敗｜蘋果學會聆聽客戶需求

iPhone 的推出，絕對是此一世代的重大創新。當蘋果在 2007 年 1 月推出 iPhone 時，歐洲和美國的消費者，幾乎是狂喜地迎接

這個跨時代新產品的帶來，第一年，iPhone 就為蘋果帶來美金 6.3 億的收益。有著巨大的成功經驗後，2008 年 6 月 9 日，蘋果正式將 iPhone 3G 引進到 22 個市場時，雖然 iPhone 3G 的上市，將蘋果整年度的手機營收，推升到美金 67 億的規模，但鮮少為人所知的，在這 22 個市場中，還有一個市場的消費者，幾乎不買 iPhone 的單，這個市場，就是日本。

iPhone 當時在日本的銷售業績有多慘澹呢？根據當時瑞銀分析師的估算，當年度 iPhone 在日本市場的銷售量只達到 35 萬支，遠低於預估的 100 萬支銷售量，而多數的購買者都為原先蘋果的愛用者。在面對一個整體市場手機年銷量高達 5,000 萬支的日本，賈伯斯那套信仰式、全球不變的推廣之道，似乎不被日本人買單。其主要原因，就在於對當地手機用戶的不熟悉。

2008 年的日本人，已經很習慣用手機拍攝短片、看電視劇和傳多媒體訊息；也會把手機當作金融卡以及搭乘交通運輸工具的乘車券使用，當時的 iPhone 3G 則連鏡頭都沒有，自然也不會有這兩個功能。在什麼功能都輸的情況下，iPhone 還想用全球統一高價、具有情感價值的方式，進攻日本，簡直是天方夜譚，也想當然爾地，迎來 iPhone 歷史上重要的挫敗。

你或許會很好奇，這麼大的企業，怎麼不知道要先做一些在地化研究呢？我告訴你，不只是蘋果沒好好做研究，宜家家居、摩托羅拉、諾基亞，當時很多的大品牌，都因為不想為了日本改變既有產品功能和訴求，而讓企業重重地摔了一大跤，還好，這些企業跌倒後，記取教訓修正方向，並重新贏回日本市場。

· 圖4.5：iPhone 3G 於2009年的廣告
· 資料來源：iPhone

　　蘋果在當時遭遇挫敗後，終於聆聽合作夥伴一軟體銀行所提出的日本洞察。第一波的強心針，就是在 2009 年 2 月起推出的「iPhone for everybody」（如圖 4.5），8GB 的 iPhone 綁約兩年，就可以免費拿到 iPhone 的優惠方案，在無法改變產品功能時，先從價格著手，讓 iPhone 可以重新站上日本市場。後續幾年，軟銀集團創辦人孫正義也陸續提供賈伯斯不同的建議，包括日本人喜歡以無線傳輸交換聯絡資訊、喜歡有相機、常掃描 QRCode、喜歡拿手機看電視或是習慣用手機支付搭乘交通工具等，其中最具代表性的，應該就屬於 iPhone 的顏文字（emoji）。

　　早在 iPhone 誕生前，日本人就很習慣在文字中，加上顏文字，來強化自己的文字訊息，但擁有美式靈魂的蘋果，一開始是無法理解顏文字的意義。經過溝通後，終於在 2008 年 11 月 21 日，全世界唯有日本市場的 iPhone 使用者，可以使用到很單一的顏文

字。一直到了 2011 年，隨著 iOS 5 的更新，全世界的 iPhone 使用者才得以與日本使用者一樣，可以使用到顏文字，時至今日，iPhone 上的顏文字數量，也從第一版的 471 個選項，增加到 2023 年的 4,115 個選項。

隨著 iPhone 願意傾聽理解日本用戶需求、進行用戶調研並適時推出在地化的調整，根據 2022 年 Statista 的統計顯示，日本 iPhone 手機的市佔率，已經高達 69%。若非蘋果的家大業大，遭受首敗還能重新再起，一般的企業遭遇到如此大的庫存和挫敗時，恐怕就無法挺過去。其實，只要願意在進入市場前，提早進行用戶研究，就可節省龐大的資源進行錯誤，不會做出無效的定價、推廣，並浪費通路和資源。

■ 維持產品彈性以應對市場變化

面對新市場時，除了要聆聽用戶反饋，也需要保持產品的彈性，成功企業的第一個產品，通常也是拿不出檯面的。近期很有名的企業內部通訊軟體—Slack，Slack 的初期營運是開發一個網頁為基礎的協作遊戲，所推出的遊戲 Glitch，旨在鼓勵人們互相溝通以邁向下一關。然而市場驗證的結果，整個遊戲糟透了，但團隊卻願意保持開放心態，研究新的出路。最終，他們發現玩家之間常常使用 Glitch 遊戲中的通訊功能，彼此交換意見，於是他們砍掉 Glitch 這個遊戲，決定只留下通訊的功能，發展成獨立的應用程式，成為今天的 Slack。

身為獨角獸的生產力工具—Clickup，原來也只是內部工具。該團隊原始的創業目標，是要打造一個克雷格列表（Craigslist）的競爭對手，但為了要管理內部複雜的開發過程，不斷地嘗試市面上的各種的專案管理軟體，發現實在都太難用了，於是，團隊決定要打造一個自己內部使用的專案管理軟體，以增進團隊協作效率。結果，經過內部測試，明顯看到此軟體效能贏過市面上任何競爭者，釋出給外部使用者測試時，也大獲好評，他們就決定棄守原有的產品，改而將此內部的專案管理軟體公諸於世，協助更多團隊增進效率。開發初期，為了全心全意打造產品，租下來的辦公室，一樓是工作區，二樓就是睡覺區，在調整產品的過程中，完全都是以用戶社群為重要的考量依歸，當多數用戶提出相同需求時，就是團隊繼續改善的方向。創辦人 Zeb Evan 提到Clickup 成功的原因時，他講到：「你不可能完成所有的改良，在過程中，你必須善用你的使用者，從用戶最反饋的問題中，抓住趨勢和共同的行為模式，以此意見為調整產品的依歸。」

多數企業，無論透過問卷調查、電話訪談或是專場用戶研究，都有搜集用戶意見的流程，但多數的用戶訪談問題，很容易流於表單形式，而沒有根據企業當下所需而調整問題內容，調整問題內容的方式，我會建議先選擇符合你當下目的的研究方法後，再進一步搜集數據。

■ 價值主張藍圖釐清開發方向

通常，在有初步創新想法（Ideation）後，最需要的是小規模地驗證想法是否值得繼續投資。「商業模式圖」是由《獲利世代》（Business Model Generation）的作者用邏輯圖示化商業脈絡，透過 9 大模塊的串連，幫助品牌視覺化自己的商業模式，同時也做到更精準的定位。其中的價值主張畫布（如圖 4.6），很適用於產品功能的調整，協助品牌列出自身的產品服務與用戶的需求，較客觀地瞭解市場需求吻合度。

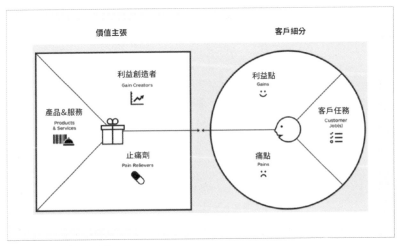

- 圖4.6：價值主張畫布
- 資料來源：Strategyzer.com

這個方法很適合初期尚未有任何想法，但需要決定產品開發方向的企業使用，透過此思路，引導你列出品牌所能解決的痛點

和獲益點後，再從用戶視角，列出用戶在解決問題過程中會遭受到的痛點和獲益點時，就能匹配兩方面的需求，整理出產品開發項目，進一步決定產品開發的優先順序。

　　以網飛（Netflix）作為假想範例，用戶是想要看自己想看的電影和影集，為了達到這個目的，在租借錄影帶的年代中，他需遭遇到的痛點包括：租借成本很高、期限未還要繳罰金、選片很耗時，而在看影片過程中，他希望可以加分的獲益點則包括：沒網路也能看、可以紀錄影片播放進度下次繼續看、選到適合自己的片、可以按照自己興趣分類。經過用戶研究後，就可重新審視當時網飛的產品，挑選出可幫助用戶減少痛點的解方或是增加獲益的引擎，最終，就會產出需調整的方向。（如表 4.7）

顧客任務	看自己想看的電影和影集	產品服務	線上影音串流平台 涵蓋獨家和自創內容
痛點	租借電影和追劇的成本很高	痛點解方	吃到飽的月租方案
	沒按時歸還需要繳納罰金		可以一直看，根本沒有歸還問題
	選片時消耗很多精力		智能推薦為你推薦適合你的影片
獲益點	沒有網路時也能看影片	痛點解方	可以預先下載
	看到睡著時，想要暫停影片		一段時間沒動作後 系統會問你是否仍在觀賞
	選定影片前，想先預覽片段 確認是否適合自己		在滑過縮圖的時候 就會自動出現預覽
	想要按照分類選擇影片		系統會自動按照偏好分類

・表4.7：價值主張藍圖表格版—以網飛為例
・資料來源：SoWork整理

用數據洞察香氛蠟燭的功能價值缺口

在沒有數據的支持下，用戶的痛點與獲益點的數量和優先順序，多半是依靠經驗判斷，現在，可以靠數據，協助品牌判斷數量和順序。以下以 SoWork 客戶林季霆做為案例說明。林季霆工作室，創辦人是學習服裝設計專業，國外留學返台後，就設法將服裝設計的觀念，融入香氛蠟燭的設計概念中，在研發新產品的過程中，想透過香氛蠟燭市場的數據研究，重新梳理用戶的痛點和獲益點，聚焦未來商品的開發方向。

經過 SoWork 團隊的判斷，能從臉書粉絲團、Instagram 與討論區等數據來源，搜集網友意見的口碑輿情監測系統，是最能快速掌握用戶痛點與獲益點的數據庫。發票、市調或網路流量數據，較少調查到用戶對於香氛蠟燭評價和需求，而網路口碑，可真實將網路上對於香氛蠟燭的言論，分類為正面、中立和負面三種情緒，分析團隊就可從各種正負面的評價，重新歸納成用戶的獲益點和痛點。

從四個面向解構功能價值

分析的經驗中，會先從「負面」、「購買阻力」、「正評」和「購買動力」等四個面向，分析現有對「香氛蠟燭」的口碑討論量，再從這四種結果，整理成用戶的痛點和獲益點。

①負面評價

負面評價，是表示網友對現有香氛蠟燭的不滿意處或需要增強之處，根據當時的研究，「香氛蠟燭」的負面評價中，有 42%

的口碑集中在「持香力」，當香味無法持續太久，最容易引發用戶的不滿，其次，35% 的不滿，則來自於「香味的偏好」，主要是網購香氛蠟燭時想像的香味，與實際拿到時有落差，自己主觀性地不滿意，其餘的負面評價包括「價格」、「包裝」、「燃燒時數」和「品質」等等。（如圖 4.8）

· 圖4.8：對既有香氛蠟燭的負面評價
· 資料來源：口碑輿情監測系統

②購買阻力

　　購買阻力是當用戶表示有購買意圖時，卻又不敢購買的原因。當時分析發現，最多不敢購買香氛蠟燭的阻力，來自於對「安全性」的考量，擔心忘了熄火後，會有家中發生火災的風險。有 40% 的口碑，是因為擔心點火有危險，所以不敢購買香氛蠟燭，

而 28% 的口碑,則是擔心成分的「化學品質」,會對身體造成影響,25% 排名第三的因素則是「持香力」,認為分辨不出不同品牌的持香力,導致自己難以作決定。(如圖 4.9)

· 圖4.9:對香氛蠟燭的購買阻力
· 資料來源:口碑輿情監測系統

③正面評價

正面評價,指已購買香氛蠟燭的用戶,對產品的稱讚。當時分析,可看到 39% 的正面評價,都是對「香味」感到滿意,而 28% 的正面評價,則是對「包裝」感到滿意,讚嘆很美的包裝設計,接著是「持香力」和「價格」。通常,正面評價表示用戶想要的獲益點,從中分析,可更清楚具備吸引力的產品功能價值訴求。(如圖 4.10)

· 圖4.10：既有用戶對香氛蠟燭的正面評價
· 資料來源：口碑輿情監測系統

④購買動力

　　購買動力是指已表達購買意願的用戶，最容易被推坑的因素，31% 的用戶仍然是被「香味」所吸引，清冷的木質調是調查期間最被提及的味道，其他的香味推薦，則是按照個人喜好不同，有人會推薦不同的香味。28% 第二名則為「網紅推薦」，網紅在香氛市場中，仍扮演著很重要的推坑角色，可加快用戶的購物流程，而「包裝」、「限定款」和「持香力」，則分別位居第三到第五名。（如圖 4.11）

　　根據以上四個面向的整理，團隊重新解構香氛蠟燭的網路口碑，將口碑套用「價值主張畫布」的架構。

　　顧客的任務目標，是透過香氣，達到撫慰心靈和放鬆身心的

・圖4.11：潛在用戶對香氛蠟燭的購買動力
・資料來源：口碑輿情監測系統

效果，將四個面向的討論，分別填入「痛點」和「獲益點」時，
看到痛點的前三名，分別是「安全疑慮」（40%）、「品質差」
（28%）和「持香力低」（25%），代表顧客雖然想要享受香氛
蠟燭帶來的療癒感，但基於安全的考量，很擔心睡覺時忘了滅火，
是否會面臨到重大災害的風險，就算市面上的香氛蠟燭針對安全
疑慮，提出許多改善的設計，但仍有許多用戶擔憂安全。

　　其次的品質差，則反映出市場上的亂象，多數香氛蠟燭，都
會號稱天然，而顧客並沒有能力去判斷成分，最終導致顧客對所
有的「成分」都產生疑慮，而品牌必須做出更具體的承諾、展現
更明確的作為，才有可能讓顧客消除部分疑慮。

　　第三名的「持香力低」，則是顧客購買商品後，當然會希望

買到物超所值的商品，若是一個香氛蠟燭，只要燒一點點的時間，香味就能持續很久，那肯定會有物超所值的感覺。

同樣的邏輯，重新分析獲益點，「香味好聞」是顧客在完成任務時，最容易獲得滿足的感受，不僅如此，從數據分析當中，還可發現長青的香味與偶爾竄紅的香味有哪些。第二個獲得滿足的原因是「網紅推薦」，這一點也是在不同產業中，很具特色的一個獲益點，因為在多數產業的分析報告中，較少看到顧客會在社群網路中，分享自己是因為「網紅推薦」才購買這些商品，大概也只有美妝保養產業，會出現類似的口碑亮點，足見用戶在購買香氛蠟燭時，有許多人是基於對「網紅」的偏好，也希望能在生活中，擁有跟網紅聞著相同氣味，使用相同的香氛蠟燭，才會購買同款蠟燭。排名第三的「限定款式」獲益點，則可看到這個香氛蠟燭產業中，常被提及的另一群人—送禮族，從網路口碑來看，限定款式並非滿足自用族群對於香氛蠟燭的需求，反而是滿足了「送禮族群」在選擇禮物時的需求，透過選擇「限定禮盒」或是「節日限定商品」，讓送禮族群可以減少送禮的焦慮感，而在送禮物時，可以多一個說嘴的支持點。（如表 4.12）

從第一手資訊到按照「價值主張藍圖」所整理的數據，逐步對於用戶的「痛點」和「獲益點」有更數據化的了解（如表 4.13）。當我們與林季霆工作室在思考產品時，就衍生出價值主張藍圖一覽表。經過這張表格的整理，我們想將療癒、舒壓的應用場景，限縮在將負面能量燃燒殆盡的香氛蠟燭，使用地點建議在辦公室。

原因是，當用戶對安全有疑慮、而且想要香味持久時，辦公

顧客任務	需要香氣撫慰心靈、放鬆身心
痛點	安全疑慮：擔心點火有危險（40%）
	品質差：化學成份有害健康（28%）
	持香力低：買了沒味道（25%）
獲益點	香味好聞：清冷木質香調（31%）
	網紅推薦：容易被網紅燒到（26%）
	限定款式：節日、限定禮盒（21%）

・表4.12：香氛蠟燭痛點與獲益點一覽表
・資料來源：口碑監測數據庫

室會是一個很能避免這兩個問題的場景，因為，我們可以針對辦公室的應用場景，設計出一款很好燒，可以在上班時間燒完的香氛蠟燭，避免你對安全的疑慮。而且，在辦公室，你一定會記得下班的時候，要先熄滅蠟燭；再者，對於持香力的考量，當在家裡時，因為每個人擺設的位置不同、家中大小坪數不同，很容易影響用戶對持香力的感受，但在辦公室時，你反而希望香味不要擴散得太遠，不要影響到其他同事，這樣的預期之下，香味只要能讓辦公桌的使用者感受到，就可以有持香力。在以上考量下，林季霆庭工作室與 SoWork 團隊，決定將場景定義在較易發生負面能量的辦公環境。

分析獲益點，香氛蠟燭市場，的確有長青的香味，但也同時有新款香味，所以在產品設計時，必須要以長青香味，出一系列的「家常菜」，讓不敢嘗試新香味的用戶，可安全的選擇機會，對於願意嘗試新香味的用戶，則可炒作「招牌菜」，讓招牌菜成為你最容易在市場產生差異性的產品。相同的邏輯下，針對送禮需求的用戶，時間限定的「招牌菜」，就可以成為送禮族的好選擇，林季霆需設計一款香氛蠟燭，一款讓送禮者可以對收禮者說嘴的香氛蠟燭，只要是有獨特切角可供送禮族說嘴，相同的說詞，也可延伸到網紅合作，當產品具有獨特性時，就能讓網紅更好發揮，創造更佳的傳播效益。

顧客任務	需要香氣撫慰心靈、放鬆身心	產品服務	可紓壓、將負面能量燃燒殆盡的香氛蠟燭
痛點	安全疑慮：擔心點火有危險(40%)	痛點解方	設計一款限定時間可燒完的適合在辦公室使用的蠟燭
	品質差：化學成份有害健康(28%)		使用天然精油與大豆蠟等原料
	持香力低：買了沒味道(25%)		設計時，讓味道可集中在辦公室座位上，適合個人使用的蠟燭，用戶在辦公室，也不希望味道過重，影響到他人
獲益點	香味好聞：清冷木質香調(31%)	獲益引擎	根據口碑數據，提供長青香味的日常香氛蠟燭，但明星商品則可調製特殊香味
	網紅推薦：容易被網紅燒到(26%)		以「消除負面情緒」的話題，引發網紅的共鳴，具體方向性的網紅合作，讓產品話題更有獨特性
	限定款式：節日、限定禮盒(21%)		紙片蠟燭型態可揉碎紓壓，亦可燃燒消除負能量

・表4.13：價值主張藍圖表格版—以香氛蠟燭的新產品設計為例
・資料來源：口碑監測數據

林季霆設計師的專業背景為服裝設計，專業訓練中，熟悉於將自己對社會的觀點，濃縮在一件服裝設計中，只是在返台後，選擇以香氛蠟燭為起點，先搭建了可服務大眾市場的香氛蠟燭產品，預備將自己對社會的觀點，融入自己的香氛蠟燭中。

　　前期的定位，SoWork 團隊將林季霆工作室的角色原型，定位在「創造者」，當林季霆將對社會的觀點融入於香氛蠟燭的作品時，也期待用戶會被觀點所刺激，當品牌想說的話，搭配上用戶需求而產生新的觀點，第一個商品，就是 No.9 Bullshit 蠟燭。

　　將常見的負面攻擊詞彙印在紙片蠟燭上，當你在辦公室接受到負面能量時，用力將一張紙蠟燭揉成一團，丟到蠟燭台上燃燒，隨著燃燒過程的洩恨感伴隨著淡淡的香味，讓你放下負面能量，逐漸回覆正常的情緒。(成品可搜尋林季霆工作室)

　　以紙片蠟燭為媒介，代表著這些霸凌言論化為脆弱的紙張，這些霸凌言論，不管來自網路也好，現實也好，甚至是來自我們的親朋好友，我們全將它化為脆弱的紙張，廢紙般的輕薄而沒有存在的必要，讓這些負面言辭就像紙一樣，可以揉爛、可以撕碎，最終這些干擾人生的句子，如同公共垃圾一樣，丟到該處理垃圾的地方，以不可回收的方式燒掉，讓它回到本來就爛掉的地方，不再傷害到你一絲一毫。

　　除了設計，香氣的選擇，也考慮到霸凌的設計理念，前調為胡椒薄荷、萊姆、葡萄柚，中調為苦橙葉、薰衣草，後調則是玫瑰、喜馬拉雅雪松。前調帶來的清爽、酸甜氣息，如同下定決心擺脫 bullshit 言論的快感，所帶來的乾淨、爽快感，中調薰衣草的

香味，融合了微苦的苦橙葉，表現了回首望去，我們的心難免受傷、結痂、失落的，而最後的玫瑰花香與沈穩的雪松，代表傷口癒合後，使我們更加堅強，歸於平靜的內心。

這也是市面上首款與用戶可以產生強烈情緒連結的香氛蠟燭，是一款創新的紙片香氛蠟燭，是一款充滿思想概念的香氛蠟燭，這一款蠟燭，不僅是聚焦了林季霆工作室的未來設計方向，也著實為林季霆庭工作室的作品，立下一個獨特的標籤。

■ 不好的產品，行銷只會加速你的滅亡

進入一個新市場時，產品的功能價值，始終是維持企業命脈的重要基礎，行銷只是協助品牌，更快地將產品介紹給潛在買家，促使他買單的工具。業界常說，當你的產品基礎不穩定，不具備產品的基本品質與差異性特色時，貿然做行銷，只會讓更多人更快地不喜歡你。以「價值主張藍圖」搭配數據的用戶研究，為自己找到能在市場上具備差異性的產品定位，並重整自己產品開發的排序，不但能減少花太多時間在鑽研心中的完美產品，更可以讓團隊聚焦於關鍵功能的開發，增加在新市場成功的機會。

品牌情感價值，
放大第二成長曲線

◾ 成長趨緩時轉向情感價值廣告

如果產品的功能價值如此重要，為何還需要進行品牌傳播呢？確實，多數品牌發展初期，以產品功能價值的優勢，獲得良好市場基礎時，往往不會考慮進行品牌傳播。那麼，為什麼大品牌仍願意每年投注預算，做很多不強調產品功能的品牌形象廣告呢？回顧品牌歷史來看，開始想做品牌情感價值的傳播活動，原因通常來自於四個字：成長趨緩。

從產品功能到情感價值｜多芬七倍成長的秘訣

多芬（Dove）是聯合利華旗下的個人護理品牌，從 1957 年的第一個廣告開始，多芬就強調其產品價值，如四分之一乳霜能夠呵護皮膚、使用多芬後讓人感到舒適愉悅等立即可見的產品功能價值。傳播多年，多芬以產品價值為導向的溝通手法，的確帶

來營業額的穩定增長。只是，隨著時間的推移，約在2000年左右，以產品價值為導向的溝通手法，無法再為公司帶來相同的成長動力，這時，多芬就找上奧美研究解法了。

雙方決定先從用戶研究開始，以奧美為首，帶領團隊進行為期三年的用戶研究，希望能整合三所大學的研究成果，找到觸動當時女性消費者的策略。在奧美創意總監喬安·山多斯（Joah Santos）的領導下，他們發現一個驚人的事實，在所有受測的女性當中，只有2%的女性覺得自己是美麗的。於是，奧美杜塞道夫和倫敦總部共同策劃了一個革命性的傳播活動，名為「真美」（Real Beauty）。

喬安·山多斯回憶起當時的背景，他提到該活動必要達成的兩個指標，第一個指標是要在既定的預算中。攻佔消費者的心佔率，透過廣告傳達的觀念，要讓多數消費者重複看到，但究竟要重複幾次才算夠呢？他們決定採用三人成虎的概念，也就是出現的次數，要多到讓消費者心中冒出一個念頭：既然這麼常看到，這廣告講的觀念一定是真的，我一定要記住它。

第二個指標，是要讓消費者對品牌產生正面情感，進而達到市占率的提升；他們決定捨棄原有產品功能價值的溝通方式，改以品牌情感價值的溝通層次，讓多芬這個品牌，不只是代表販售的產品，而是代表一個對消費者生活產生影響力的品牌。

於是，團隊發展出第一波的「真美」傳播行動（如圖4.14），透過一個平凡女生的修圖過程，讓女生明白，你所看到的海報女生，都是經歷修圖的美化過程，而你的審美觀，不應該被這些人

工後製的海報所扭曲，依循這個主軸，平面廣告的視覺，也捨棄掉自說自話的傳統做法，而是透過勾選的設計，創造更多品牌與消費者的對話機會。

· 圖4.14：2004年多芬的系列平面稿
· 資料來源：George De La Rama

　　對於大體型的女生，旁邊的文案寫著，是胖還是剛剛好？對於40歲的女生，旁邊文案寫著，是40歲依舊火辣，還是40歲就不能火辣了？在當時的市場上，這一波對話式的文案掀起一波高峰。緊接著，就是著名的影片廣告，描述海報上的女生，許多都是精心打造來的，當一個平凡的女生走到攝影棚，經過許多人的加工以及照片後製，才會成為你在海報上看到的那個幾乎完美的

女生。多芬想告訴大家的事情是，這也難怪，這世界上對美的價值判斷會被扭曲。原本的多芬，是在跟競爭者比較產品優勢和價格，經過這波活動後，已建立起競爭者難以追上的品牌情感價值。經過多年深耕同一議題的努力，多芬整體的業績，也從 2004 年的美金 25 億元到現今的 40 億美金。

當我們將價值分為情感價值和功能價值時，很多實例都證實，當公司想要從既定的市場範圍，跨足到更大的市場範圍時，就要定義品牌獨特的情感價值主張，感召更多的消費者認同品牌。即使是身處領導地位的品牌，也需透過這種方式，創造出其他品牌難以追趕的品牌情感價值。

溝通品牌或產品，孰輕孰重？

想要追逐銷售業績成長，訴求情感價值或功能價值，哪一個比較有幫助呢？萊斯・拜納特（Les Binet）和彼得・費爾德（Peter Field）是兩位研究市場效度的知名專家，他們最著名的研究，就是從廣告實踐者機構（IPA, Institute of Practitioners in Advertising）的數據庫中，分析了大量案例，試圖從數據中找到一個萬事難解的謎題：情感價值和功能價值的溝通，哪個對業績成長更有幫助？

2013 年，他們總計分析 993 個案例，將這些行銷案例分成兩種類型：一種是長期強調品牌情感價值的專案，另一種是僅關注功能價值的專案，情感價值的傳播專案，就像是 Nike 的廣告中，不出現鞋子，只出現 Just Do It 的情感價值；產品功能價值的專案，

就像是 Nike 的廣告中，只出現產品功能的介紹。

　　當深入比較此兩種類型的專案，統計其「銷售」與「時間」的關係時發現，在 2010 年代的媒體環境下，雖然一開始撥出資源做品牌情感價值溝通的專案，其銷售成績可能不如僅專注於溝通功能價值的專案，但以情感價值吸引消費者的品牌，因為在每一次的溝通過程中，與消費者建立了長期的情感連結，使得消費者在需要相關服務時，會想起這個品牌，因為是真心喜歡，所以回購率和推薦率都明顯高於產品功能價值的專案，業績就是階梯式增長，大約在六個月左右的時間內，整體業績就能超越僅專注於產品的品牌。（如圖 4.15）

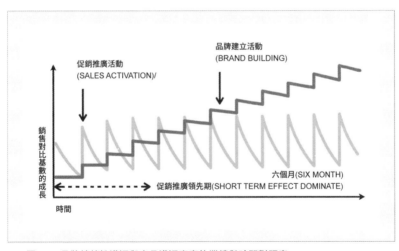

・圖4.15：品牌情緒性溝通與產品溝通專案的業績與時間對照表
・資料來源：Binet & Field, the long and short of it

爾後，兩位作者持續研究市場效度，直到 2018 年，他們彙整了近 18 年的市場效度數據後，出版了一本名為《效度的脈絡：建立品牌的操作手冊（暫譯）》（Effectiveness in Context: A Manual for Brand Building）的書，從歷史的角度，分析了品牌建立的重要性。

他們指出，品牌要實現成長目標，肯定是先鎖定一個分眾市場，努力提高市場滲透率，不論是高價的阿聯酋航空（Emirates）或平價的易捷航空（EasyJet），剛開始都是這樣做。然而，隨著時間的推移，當業績增長的趨緩時，就代表原有市場已經飽和，這並不是品牌操作的不好，而是在原有市場中，就是會有部分消費者，是無法被轉換成你的客戶。這就好比，當你銷售商務艙的時候，無論你如何宣傳，有人就是只搭經濟艙。當你宣傳普吉島的明媚春光時，有些人放假就只想去東京購物。

在這種情況下，想實現顯著的增長，就要在市場上找到那些尚未關注你的客群，透過推廣、產品或重新定位等方式，讓他們願意認真關注你、甚至變成你的顧客，以實現品牌的擴張。而建立品牌情緒價值的力量，就在這時候產生作用，建立品牌的同時，你不僅是在建立既有顧客的偏心程度，同時，也在讓其他潛在顧客相信，這個品牌，應該是可以信賴的品牌。

舉例，lululemon 是從「一條瑜伽褲」起家的品牌，現在已陸續發展到泳裝、配件、鞋子和男裝。傳播訊息，也從初期的產品層次，提升到更高的品牌層次，在它的情緒價值中，一直一直告訴人們，lululemon 相信，當人們在熱汗習練中實現超越和突破，

也能為生活在各方面的進步創造能量，而在設計出的產品，就是為了達成幫助人們達成以上目標。只要 lululemon 堅守這個承諾，並持續表現這承諾，人們就會相信 lululemon 是一個能為自己創造能量的品牌，這，不只是原先的鐵粉會相信，在旁觀看的潛在客戶也會開始相信這個品牌。因此，當它的瑜珈褲業績成長到平原期時，開始推出跑步、健身、腳踏車系列的時候，從事這些運動的人，因為相信 lululemon 堅持的品牌精神，而願意花高價購買，在品牌發展過程中，只要品牌有力守其承諾，持續為人們創造能量，也持續提供高品質的產品，就會更好地拓展到別的市場。

　　相反地，身為潮牌的 Royal Elastics，它持續在溝通的，就是產品導向的設計風格，而不是為消費者著想的品牌情緒價值，Royal Elastics 在官網中提到，簡約街頭風格（Minimal Street Style）將是 Royal Elastics 的未來走向，因為 Royal Elastics 深信越「簡單有重點」的設計越能創造經典。相對於 lululemon 是一個想為人們創造能量的品牌，Royal Elastics 則聚焦在溝通產品設計。產品型的溝通，當然可以穩住目前的市場，但當想要開拓第二個市場時，就一定會被侷限住。想像一下，當 Royal Elastics 推出新的街頭潮鞋時，你應該還可以接受，若他出一款籃球鞋時，你會相信它嗎？你會相信，那是一款簡約街頭風格的好穿籃球鞋嗎？就算你喜歡它的簡約街頭風格，但一聽到 Royal Elastics 出一款籃球鞋，一瞬間，你心中會飄過一個疑惑：「潮牌的籃球鞋，究竟適不適合打籃球？穿去打球會不會被笑不專業？」，這一瞬間的質疑，就是 lululemon 跟它的差異，就是做品牌行銷與單純

產品行銷的差異，也是品牌能否持續拓展新市場的差異。戴爾電腦哪天要生產汽車，肯定就會受到一樣質疑，但大家反而好奇蘋果會造出什麼樣的汽車；福特汽車要登上月球，肯定會受到一樣的質疑，但大家反而會期待馬斯克的太空計畫。看似直覺或矛盾的反應，但這就是消費者的心理邏輯。

經營品牌的企業，會對新市場逐步建立其品牌溢價能力。它透過一次次品牌性的情緒價值溝通，建立品牌與消費者之間的信任感，透過改變消費者記憶結構，使他在挑選商品時，會更偏好之前有情感共鳴的品牌。當品牌與消費者建立此信任關係時，消費者就會願意付出更高的價格，換取你的產品或服務，進而增進企業利潤。

該做品牌或是該做產品呢？這不是一個二選一的答案，而是混合的資源配置，根據廣告效果教父萊斯·拜納特和彼得·費爾德的研究，若以銷售增長為指標，研究不同產業的最佳配置比例時，發現純電商品牌，是需要投注於品牌傳播最高比例的類型，其品牌傳播最佳比例為 74%，而新創品牌為了先讓用戶認識其專長，需要放 65% 的資源於產品傳播，但仍須配置 35% 的資源於品牌傳播。相對於目前市場的投資方式，多數品牌，都該好好思考目前的資源佔比。（如表 4.16）

品牌類型	品牌傳播投資比	產品傳播投資比
實體品牌	55%	45%
純電商品牌	74%	26%
新創品牌	35%	65%
非營利組織	44%	56%

・表4.16：不同類型品牌的最佳投資配比
・資料來源：Binet & Field, the long and short of it

■ 用戶情感需求的方法論

為了找到品牌與用戶的情感價值共鳴點，用戶研究就顯得更為重要而複雜。相對於功能價值的共鳴點，只要了解用戶顯而易見的需求，就可以知道該如何打造產品功能，而情感價值往往是較隱性的價值觀，其訪談技巧或大數據研究，都會需要具備品牌意識的研究員，才能達到研究的目的。但，若本身並非訪談專業也非深談人心的研究員，那該怎麼辦呢？

貝恩策略顧問公司（Bain & Company）在 2016 年發表的《價值的元素》（Element of Values）一報告，便提供在探索價值觀時，很好運用的理論基礎。

該公司根據 30 年研究經驗，以馬斯洛需求理論為基礎，衍

伸出 4 種類別共 30 個用戶價值 (如圖 4.17)，4 種類別的價值，分別為功能、情感、改變生活、社會影響等，從這 4 類，再細分成的 30 種不同的價值元素。基本上，這張圖已經涵蓋各大理論中所提及的價值元素了；而對品牌而言，以下有三種情境，可運用此貝恩價值元素：

開發產品功能

公司在發展產品過程中，可著力在特定的價值元素，也可以結合兩種價值元素，發展出新的功能和服務。例如，Fitbit 的核心競爭力，就在滿足用戶情感面的中的「被獎勵」價值元素，每當多運動一點，看到手錶上的數字跳動，本身就有被獎勵的滿足感；而團購，則滿足了兩種價值，讓人擁有歸屬感也感覺被獎勵；直播帶貨給用戶的價值包括娛樂消遣還有被獎勵。

分眾切入點思考

同一件商品或服務，對不同人，可滿足不同的價值元素。例如，同一個款式的賓士車，有些人選擇賓士，是因為滿足「象徵價值」的價值元素，但有些人，則單純是因為長期開賓士，不想承擔換開其他品牌的風險，因此，選擇賓士，是滿足他「減少風險」的價值元素。所以，品牌針對不同的受眾，也可從價值元素中挑選對應的價值，發展符合的文案，投放給對的目標族群。

品牌差異定位

羅列用戶想要的價值元素，再整理出市面上其它競爭者已經提供的價值元素後，就能找到市場尚未被滿足的需求，藉此思考邏輯，可以整理出品牌的差異定位。

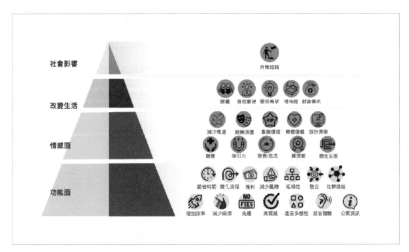

・圖4.17：貝恩策略顧問公司的價值元素一覽表
・資料來源：The 30 Elements of Consumer Value: A Hierarchy (hbr.org)

　　為證實這些價值元素對於顧客回購率有幫助，該公司還在美國進行一個為數 1,050 人的商業決策者調研，讓每個人可都可從 0 到 10 分之間，評斷一個品牌在每個價值元素的表現，藉此了解價值元素對於顧客回購的影響程度。結果發現，每家品牌都會滿足多種價值元素，如果一個企業能在四種或以上的價值元素上，取得比其它競爭對手更多高於標準的評價，通常會有更高的顧客回購率，像三星（Samsung）、TOMS 等品牌，能夠在四個以上價值元素上都取得 8 分以上評分的企業，其顧客回購率可能是其他企業的三倍。而只在某一項價值元素上取得高評分的企業，其回購率則不到三星這類品牌的二十分之一。

　　對企業來說，選擇適合的價值元素非常重要，要對企業成長

有幫助，企業應該至少投資於宣傳四個價值元素，然後透過持續的用戶研究和傳播，不斷加強這些價值元素的差異性。這樣做有助於實現用戶對企業的高評價，進而帶來長期而持續的成長。

在上一章節中，我們解釋過以「價值主張」搭配「口碑數據庫」，研究產品功能價值的共鳴點，而數據是否能定義感性的情緒價值呢？

■ 以數據，定義情緒價值

過往，想了解消費者的情緒價值，必定要以質化研究，訪談目標消費者，深入地了解個別注重的情緒價值，放棄對樣本數的堅持。但隨著大數據的普及，現在要定義用戶的情緒價值需求，都可用量化佐證了。

以 blendSMART 旗下的主力產品電動化妝刷為例。電動化妝刷的誕生，靈感源自於一位經驗豐富的模特兒 卡羅．馬丁 (Carol Martin)，某次意外造成手腕的受傷，導致她上妝的不便。因此，研發團隊 Worth Beauty 透過與專業彩妝師、產品設計師和機械工程師的合作，成功研發了一款可效仿專業彩妝師上妝打圈手法的電動化妝刷，並取得了自動旋轉化妝技術的全球專利。讓化妝不僅可以降低對手感的依賴，也讓妝容更加均勻。

為了讓 blendSMART 更符合亞洲大眾的彩妝需求，blendSMART® Asia 團隊邀請了許多亞洲區的專業彩妝師參與研發討論，並集結了使用者真實的體驗與回饋再經過整整一年的改

良與調整，blendSMART® Asia 推出的版本將旋轉速度與方向切換重新設計，將過去只販售於歐美地區的 blendSMART® 系列產品，正式引進亞洲市場。

多年實戰經驗告訴我們，要教育市場，需要很多青春和金錢，通常都是領導品牌在做的事情。blendSMART® Asia 的亞洲代理人也感受到教育市場的辛苦，他們引進後，經過數年溝通，仍感受到許多消費者，在尚未了解電動化妝刷的好處之前，就已經放棄了。於是，想透過數據研究，找到品牌與用戶的情緒價值共鳴點，讓用戶願意敞開心房，共同想像一個美好的未來後，再帶入產品功能。因此，他們找到 SoWork，想透過數據重新研究用戶情緒價值需求，為品牌塑造更具情緒共鳴的定位。

在研究情緒價值前的一步，始於對受眾的設定條件，也就是如何分眾。

為了討論如何分眾，SoWork 根據討論，將所有的台灣居民，按照「消費習慣」、「化妝情境」兩種方式，分為六種分眾，並補充各個分眾的總人口數，以方便分眾設定的討論。從此數據可發現，若按照「消費習慣」作為分眾設定，所產出的三種族群人數加總不滿 200 萬人，明顯過小，因此，就摒除該分眾方式，以「化妝情境」，找到品牌有進攻機會的族群。（如表 4.18）

大致底定分眾族群後，再透過全球市調數據庫，可快速掌握用戶對於價值元素的需求優先順序，SoWork 分析團隊比對數據庫中的 4 萬個數據源與貝恩諮詢公司除功能面外的 16 個情緒價值後（剔除 14 個功能面的價值元素），整理出兩者的對照表。進行到

方式	分眾方式一			分眾方式二		
類別	按消費習慣			按化妝情境		
設定	TA1:衝動購物者	TA2:重視評論者	TA3:品牌忠誠者	TA4:重視另一半想法	TA5:想塑造專業形象	TA5:注重儀式感
條件	上個月買過美妝品 上週卻未使用底妝的台灣人			上個月買過美妝品 上週卻未使用底妝的台灣人		
進階條件	容易衝動購物	重視消費者評論	容易因品牌忠誠而購買	因另一半才有動力精心打扮	工作所需想提升專業形象	注重生活儀式感
行為	做決定速度快	透過消費者評論裡了解產品	品牌忠誠度高	交往中/已婚/單身且使用交友軟體	事業導向以職涯為中心	對追求個人信念持中立、認同
人口數	46萬人	73萬人	78萬人	79萬人	49萬人	99萬人

· 表4.18：blendSMART人群分眾設定企劃
· 資料來源：SoWork

此，分析團隊就可按照不同指標的比例高低，排序情緒價值關心程度的優先順序。當然，使用不同數據庫時，每一個價值元素會對應的選項不一樣，而 SoWork 是採用全球網絡指數（Global Web Index），整理出以下對應表。（如表 4.19）

從圖 4.20 可看到，若真實按照情緒價值的比例排序，就會知道這三群人異同的價值觀。例如，這三個族群都不排斥分享個人的焦慮，也喜歡第一手嚐鮮，慣性做回收的比例，都在四成左右。當有數據時，這些比例顯而易見，很快可決定策略方向。但在無價值元素的思維架構和多元數據可比對時，分眾設定、價值元素和傳播管道，都因為缺乏事實數據的基礎，而無法更好地被運用。

	價值元素	對應問題
社會影響	自我超越	我期待能改善自己的名聲
	歸屬感	你是否期待被同儕接受？
	自我實現	你是否期待被同儕接受？
改變生活	帶來希望	描述自己時，你會說自己有正面態度嗎？
	積極度	學習新技巧對你是否重要？
	財富傳承	我會購買保險商品
	減少焦慮	我覺得自己感到焦慮
	娛樂消遣	我期待品牌展現娛樂的形象
	象徵價值	期待品牌讓你感到被珍視對待？
	療癒價值	我期待品牌能展現可靠的形象
情感面	設計美學	我喜歡現代藝術或傳統藝術
	健康	我有健康意識
	吸引力	我重視我的外表
	戀舊	我喜歡回憶過去，而不是構想未來
	被獎勵	我會因為獎勵而擁護品牌
	簡化生活	我期待品牌為我簡化生活

- 表4.19：價值元素與數據庫數據的對照表
- 資料來源：Global Web Index

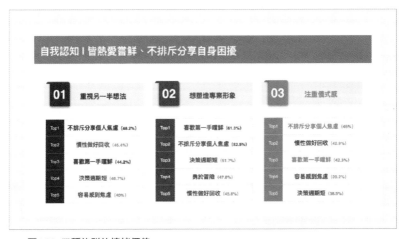

- 圖4.20：三種族群的情緒價值
- 資料來源：SoWork

在無數據支持的狀況下，你會不確定究竟該先採納哪一個情緒價值，作為品牌著力的切角。

當經過與 16 個情緒價值元素比對後，發現用戶在「自我超越」、「帶來希望」、「積極度」、「減少焦慮」、「健康」、「被獎勵」、「簡化生活」等七個選項，都較一般台灣人有更為突出的偏好，從這張列表中，與品牌進行深度討論，確立品牌能滿足的情緒價值時，blendSMART® Asia 就決定以「積極度」結合「帶來希望」，作為品牌獨特的情緒價值。（如表 4.21）

	價值元素	對應問題	平均用戶比
社會影響	自我超越	我期待能改善自己的名聲	57%
	歸屬感	你是否期待被同儕接受？	40%
	自我實現	你是否期待被同儕接受？	31%
改變生活	帶來希望	描述自己時，你會說自己有正面態度嗎？	70%
	積極度	學習新技巧對你是否重要？	68%
	財富傳承	我會購買保險商品	34%
情感面	減少焦慮	我覺得自己感到焦慮	63%
	娛樂消遣	我期待品牌展現娛樂的形象	47%
	象徵價值	期待品牌讓你感到被珍視對待？	53%
	療癒價值	我期待品牌能展現可靠的形象	40%
	設計美學	我喜歡現代藝術或傳統藝術	34%
	健康	我有健康意識	74%
	吸引力	我重視我的外表	48%
	戀舊	我喜歡回憶過去，而不是構想未來	8%
	被獎勵	我會因為獎勵而擁護品牌	57%
	簡化生活	我期待品牌為我簡化生活	55%

・表4.21：價值元素與數據庫數據的對照表
・資料來源：Global Web Index

品牌故事也因有數據加持，更改為以下宣言：

「每個人總是希望能開啟美好的一天，而化妝是開始一天的重要儀式，當你畫了一個很好的妝容，一整天就自信了，當你眉毛畫歪了，你就會擔心有人注意到，而變得不自信」。經過企劃、品牌主與數據分析師的共同討論，決定將此產品—blendSMART定位為「自信的開關」，結合電動化妝棒與其他化妝棒最大的產品區隔點—開關，講述一個情境：每天用電動化妝棒時，會有打開開關的動作，這個動作，不僅僅是機器的開關，也是每一天展現自我的開關，將妝畫好了，就可以展現自信的一面。事實上，透過數據庫所驗證的價值元素，讓品牌能更有信心的做應該做的事情，提高決策品質，加速決策的推動。

■ 品牌價值提升溢價能力

在大數據越來越普及的年代，品牌甚至不需要透過一對一逐步訪談，再加上傳統調研的追問能力，就可了解到用戶的價值元素，一套完整的價值元素論述，加上一套完整對應的數據庫，就可讓品牌找到用戶的情緒價值需求，調整品牌訴求。

從現有客戶找到更多商機

■ 預測分析｜解鎖企業潛在商機的科學方法

　　除了從市場上，以功能價值與情感價值，找到新的市場受眾以外，在數據量化的時代中，另一種成長的方式，就是從現有客戶中，發展更多的商機。這種研究用戶的方法是先將現有顧客進行分群，然後利用預測模型研究因果關係。這種方法不需要涉及人物誌的描繪，而是依靠多個預測模型來研究品牌應該進行哪些改變，以提升顧客價值。換句話說，我們需要從大量的數據中，找到能促使顧客立即採取行動的關鍵因素。

　　當企業積累了一定的顧客資料後，就可借助預測分析，從顧客價值中尋找到潛在的商機。預測分析通常是通過量化數據來預測人類行為的一種方法，在前哥倫比亞大學教授艾瑞克・席格（Erich Wolf Segal）的著作《預測分析時代：販賣未來—從生活、商業、政治到投資，數據如何在不確定的世界創造最大價值》中，他提到了他的專業生涯中整理的 147 個預測分析案例，並歸納出

九種常會應用量化數據預測的使用情境。這些情境包括「家庭與個人生活」、「行銷、廣告及網路」、「金融風險與保險」、「醫療保健」、「打擊犯罪與詐騙偵測」、「安全與效率的偵錯」、「政府、政界、非營利機構與教育界」、「理解人類的語言、想法及心理學」和「幕僚與員工—人力資源」。以上九個情境當中，在「行銷、廣告及網路」類別中，就有許多企業，成功運用量化預測，從現有客戶中，找到更多的商機。考克斯通訊公司從 800 個變因中，找到能帶動成長的關鍵因素，進而提高 14% 的銷量，MTV 將量化預測應用在推文的優化，最終實現網頁觀看次數增加 55% 的目標，相同的成果，也發生在好萊塢、電信公司、百貨公司等企業（如表 4.22）。

	實際案例	關鍵改善
採購行為	考克斯通訊公司 (Cox Communication)	從800個變因當中找到關鍵因素，提高14%的銷量
取消服務	挪威電信公司 (Telenor)	以流失建模 (Churn Modeling) 和回應建模 (Response Modeling) 將手機用戶流失率降低36%
名單銷售	惠普	提早預警系統可提醒銷售有商機出現，準確度高達95%，預測成交時機準確率高達60%
產品推薦	塔吉特百貨 (target)	利用產品選擇模型鎖定郵購客戶，讓營收增加15%-20%
廣告點擊	教育入口網站	從5,000萬個廣告中學習，優化廣告組合，讓廣告營收每19個月增加100萬美金
推文優化	MTV	在公布MTV音樂獎時，實現網頁觀看次數增加55%的目標
垃圾郵件	Google	將Gmail的垃圾郵件普及率和誤判率，從2004年的顯而易見降低到現在的微不足道
暢銷預測	研究人員	運用機器學習預測哪些影片會成為好萊塢賣座大片和暢銷歌曲

· 表4.22：8個成功應用量化預測於行銷的案例
· 資料來源：預測分析時代：販賣未來—從生活、商業、政治到投資，數據如何在不確定的世界創造最大價值

數據紅利

實務當中，多數行銷人還是對預測模型既喜歡又害怕，喜歡的部分是可透過完整的數據分析，提供相對具有實證基礎的行動建議，害怕的部分則是對預測模型的不熟悉，偏好創意思考的行銷人員，很害怕必須應付一大堆自己無法理解的數據，若非迫不得已，實在不會採取這一個執行方式。

預測模型通常是需要建構在足量的數據基礎之上，才有足夠的變因進行分析。而多數案例會要採用預測模型，是在於數據量已超出人工可判斷的範圍，而且已經靠人工直覺失準多次，才會需要找到科學方式為未來的銷售找到立即的解決辦法。人工直覺失準的案例屢見不鮮，Telenor 電信公司，就曾在用戶關鍵的換約時刻，犯下一個致命錯誤。

電信公司的顧客續約策略失敗與重新思考

電信公司為了說服到約的顧客留下，通常會推出促銷方案（如圖 4.23），比方說：贈送免費手機或提供超優惠折扣，可是，企業必須針對這類顧客提出超好康方案嗎？電信公司的確慣用這種手法，刺激顧客續約，而在挪威的 Telenor 電信公司，也是這樣，結果卻反而降低續約率了，問題出在哪呢？

就讓我們從顧客的角度，重新思考體驗流程；當你的電信合約要到期時，你會知道，你已經可以更自由更換，讓其他電信業者提供服務，手機號碼也不必變更。事實上，在你平常忙碌的生活中，根本沒思考過自己的電信合約到期日，直到信箱內出現這封信件時，你心中閃過一個念頭─可以換合約的機會來了。每一

· 圖4.23：傳統的續約首選宣傳
· 資料來源：Verizon

家電信業者為了吸引新用戶，都會對攜碼的客戶提供更多優惠，朋友也告訴你，其他電信業者有些迷人的新服務，而通訊品質也可能比你現有的還好。這時的你，只是被原有電信業者提醒一件事情：你自由了，趁合約到期前，趕緊去比較所有的電信方案吧。

　　本來想增加續約機會的會員溝通訊息，卻產生反效果，讓你選擇離去的可能性不減反增，很認真設計續約方案的行銷人開始困惑，為何越認真發信，顧客流失率反而越來越高，會不會，不發續約訊息，反而更能留住顧客。也因此，挪威電信公司—Telenor才會採用回應建模，釐清哪些人會因為優惠訊息而續約、哪些人本來就會續約、哪些人會不小心續約，從這樣分眾，就可針對以上三種人群，設計不同的內容，以增加整體續約率。

若你對不知道如何透過分析現有顧客，為品牌帶來成長機會，下表中，列出七個現有顧客的預測分析案例，帶你初步了解，究竟有哪些應用面的可能性。（如表 4.24）

組織	見解	應用可能性
奧斯柯藥妝店	買尿布的顧客更可能也買啤酒	將啤酒和尿布放在同一區
沃爾瑪百貨	60%買芭比娃娃的顧客中也會從三種棒棒糖中挑選一支	芭比娃娃與棒棒糖放一起
某家大型零售者	買釘書機透露公司有新進員工	文具公司可與人才招募網站合作，搭配銷售
訂位網站Orbitz	蘋果電腦使用者預定的飯店比較高檔	高端用品商品與飯店預訂網站或飯店合作，精準推廣
網站調查	購買行為研究凌晨逛約會網站早上十點逛旅遊下午一點看理財晚上八點買零售	根據不同時段，加重對應產業的投放力度，或是設計與不同話題相關的訊息內容
約會網站	使用Earthlink.com的用戶，比hotmail.com的用戶，更容易成為白金會員	顧客分級制度中，參考使用的email信箱，判斷忠誠度和開信率
美國國家銀行	讓客戶提前收到金融商品的解說訊息，會減少開立更多帳戶的可能性	重新思考銷售流程，決定詳細解說檔案的遞送時機

・表4.24：預測分析案例
・資料來源：預測分析時代：販賣未來—從生活、商業、政治到投資，數據如何在不確定的世界創造最大價值

以上是根據預測模型，將所有顧客根據模型推算，歸結出會影響顧客行為的變因，進而設計不同的行銷活動，而在以業績增長為目的的預測模型中，還有一種方式，是先按照每個顧客的「終身價值」分群，根據「終身價值」不同區段的客戶，推送不同的行銷訊息，這時候，研究的目的，就在了解不同區段的客戶，能以什麼方式，促動期提高購買頻率或增加每次客單價？

■ 顧客終身價值分析｜
　 提高購買頻率與客單價的科學策略

從事市場分析將近 30 年的麥可‧格里斯比（Mike Grigsby）在《消費者行為：市場分析技術》一書中，就提供相當多的顧客價值與其影響變因的具體案例。

首先，仍先簡要介紹「終身價值」（Life Time Value, LTV）所代表的意涵，顧客終身價值是由以下四個數字組成：平均客單價、平均購買頻率、顧客價值以及平均顧客壽命。

平均客單價

一個客戶在一年中消費新台幣 1,000 元，期間共計來消費五次，平均購買金額就是 200 元。

平均購買頻率

某項商品總計成功銷售 1,000 次，是由 250 個客戶買單，平均購買頻率就是四次。

將 200 元乘上四次，就是顧客的價值，等於 800 元。

平均顧客壽命

總計有 250 個客戶，其購買的年數達到 750 年，這樣可得平均顧客壽命為四年。

顧客終身價值就是顧客價值乘上平均顧客壽命，透過以上四個數據得到每位顧客的終身價值為 3,200 元，意味著該商品每位顧客所能提供的最高收入為 3200 元。計算出每個顧客的終身價值，就可針對高顧客價值的顧客，進行差異性的行銷。顧客終身價值的應用面很廣，在 SmartNews 日本與美國的行銷負責人—西口一希所著作的《讓大眾小眾都買單的單一顧客分析法》中，以顧客金字塔（如圖 4.25）的觀念，提醒行銷人員必須針對不同族

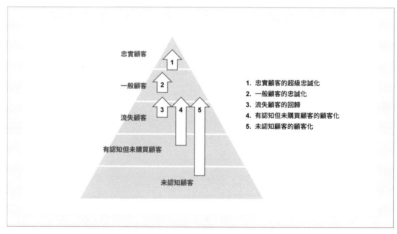

忠實顧客
一般顧客
流失顧客
有認知但未購買顧客
未認知顧客

1. 忠實顧客的超級忠誠化
2. 一般顧客的忠誠化
3. 流失顧客的回歸
4. 有認知但未購買顧客的顧客化
5. 未認知顧客的顧客化

· 圖4.25：顧客金字塔
· 資料來源：《讓大眾小眾都買單的單一顧客分析法》

群進行差異性行銷，他提到：「為什麼顧客會行動？若一直未觸及導致行動壁畫的心理因素，就無法將行銷投資規模化，不了解顧客的行銷，必定從一連串普通策略，陷入縮小經濟規模以保持收支平衡的窘境」。

基於過往為幫寶僑、潘婷、品客和沙宣等品牌的行銷經驗，他以顧客金字塔，將顧客分為五個層級：

①忠實顧客

有認知且購買頻率高

②一般顧客

有認知但購買頻率中到低

③流失顧客

有認知且有購買經驗，但現在不買

④有認知但未購買顧客

有認知但無購買經驗

⑤未認知顧客

無認知的潛在客戶

當品牌能將顧客分為以上五群後，就需要針對不同群體設定不同的行銷目的，進而靠問卷或行為觀察，完善再行銷時，所需的數據，在該書中設定的問題分為五個類別，簡列如表 4.26。

雖然從顧客價值出發的分析方法很多，但終身顧客價值這是一種以過去資料計算而得的數值，此數據的確可以看出不同族群的終身價值比較，但很難了解為何某些消費者的終身價值比較低，也無法了解如何提升某些消費者的終身價值，這是為何當弗

指標	描述	應用面
品牌的認知	是否知道品牌名稱	應用在顧客金字塔分層
品牌的偏好度	是否想買這個品牌 或是想用這個品牌	了解顧客對此品牌的接受程度， 進而決定宣傳力道
屬性形象	以形容詞或擬人化的方式， 表達造成怎樣的認識， 給人怎樣的功能印象或效益屬性	掌握品牌現在在不同顧客分層當中的 既定形象，決定是否須對某些族群， 進行品牌印象的再造
媒體接觸	包括大眾媒體、社群網路類的 數位媒體，一般的媒體 接觸習慣或信賴度	不同顧客分層的後續媒體投放管道選擇
廣告的認知通路	何時、在哪裡、透過怎樣的媒體 或機會認知品牌，是否形成 品牌印象	了解品牌行銷更有接觸管道為何

· 表4.26：顧客金字塔的用戶研究指標
· 資料來源：《讓大眾小眾都買單的單一顧客分析法》

雷德里克·瑞克赫爾德（Fred Reichheld）在 2003 年提出淨推薦值（Net Promoter System）的時候，深獲財星 1,000 大公司的信任，而將淨推薦值轉變為業界很常使用的規則。

■ 淨推薦值｜顧客忠誠度評估的關鍵指標

淨推薦值是弗雷德里克·瑞克赫爾德於 2003 年在哈佛商業評論中發表《力求成長的關鍵數字》（The One Number You Need to Grow）一文中指出的觀念，財星 1,000 大企業喜歡這套系統，

在於這套系統解決的傳統財務衡量指標無法解決的問題—行動的依據，在傳統財務衡量指標系統中，只能告訴我們某些顧客屬於高價值，某些顧客屬於低價值，但無法告訴我們何時該投注資源於顧客提升價值，又該對誰採取行動呢？

而淨推薦值的設計目的，就在透過追蹤三個分眾，讓品牌能知道何時該開始將更多顧客轉換為忠誠擁護者，何時自己又已經表現良好了呢？這三個分眾分別是：

①推廣型顧客

顧客因為開心，而願意將你的品牌或商品推薦給別人。

②被動型顧客

顧客覺得付出的錢有獲得等值的商品，但也僅止於此。

③分心型顧客

這群顧客對現有產品和服務感到失望，未來有可能會傷及品牌聲譽。

如圖 4.27，當你的整體淨值為負的時候，就需要重新檢驗哪一群人對你不滿意，不滿意原因為何以及該如何改善。當你的整體淨值表現比上一季度好的時候，就可以檢驗自己過往的行銷當中，有哪些是成功提升忠誠度的活動。

整個評分系統，集結了所有顧客的滿意程度，最後形成一個指標，這個指標，就是從顧客經營的觀點，評斷一個企業的健康程度，並藉此為企業診斷出未來的成長方向，根據弗雷德里克·瑞克赫爾德在《終極問題 2.0》（The Ultimate Question 2.0）一書中提到的，在 11 個採用此系統的公司當中，其股東的資本回報率

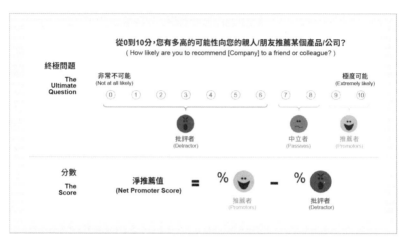

· 圖4.27：淨推薦值分眾評分示意
· 資料來源：Net Promoter System

是美國其他公司的五倍，這樣的結果，也促使其他公司更願意採用此系統來規劃未來顧客的經營策略，避免錯誤的時機和內容，反而造成主動鼓勵顧客流失的下場。

■ 存活分析│揭示顧客買單的關鍵因素

近期的預測模型，就常常會搭配到顧客價值的計算，再透過數據分析後，提供不同顧客的行銷話術和時機。麥可‧格里斯比（Mike Grigsby）在《消費者行為：市場分析技術》中，就為讀者展示如何透過存活分析（Survival Analysis），了解能影響不同的顧客其購買週期的關鍵影響變因。

在該書的案例中，列出兩種不同行為分組的顧客，根據購物

間隔天數、年度消費、總營收、總成本和前兩年營收與折損，分別計算出兩種顧客的終身價值分別為 64,492 和 87,898，按照現有數據分析，行銷人員會鎖定顧客 B，而投注較少資源在顧客 A。但這個算式，沒有計算當品牌有機會改變其行為模式後，兩種顧客的終身價值是否會有變化。（如表 4.28）

顧客	購物間隔天數	年度消費	總營收	總成本	第一年淨營收	第二年淨營收	第一年折損	第二年折損	9%水準下的終身價值
A	88	4.148	43,958	7,296	36,663	36,662	33,635	30,857	64,492
B	88	6.293	62,289	12,322	49,967	49,967	49,967	42,056	87,898

- 表4.28：不同行為分組的消費者比較
- 資料來源：《消費者行為：市場分析技術》

　　於是，當該團隊設計五種誘因，試圖想了解個別誘因對購買行為的變化時，他們用「九折優惠」、「產品搭售」、「節日宣傳」、「加碼寄送五份目錄」和「網路獨享優惠」為自變數，觀察對購買前考慮時間的影響。

　　他們發現，發現當給予顧客 A 九折優惠後，其購買前的考慮時間，平均可縮短 14 天，若對顧客 B 執行相同優惠時，只會縮短 2 天，顯然，顧客 A 對於價格的敏感度高於顧客 B，整體而言，我們從下表中看到，能讓顧客 B 縮短購買前考慮時間的因素，就只有「九折優惠」和「加碼寄送五份目錄」，但都只能縮短 2 天的時間，效果非常有限，其他的行銷方式，反而都會讓顧客 B 延

長考慮時間。相對來講，「九折優惠」、「產品搭售」和「網路獨享優惠」都能分別讓顧客 A 縮短 14 天、4 天和 11 天的考慮時間；因此，提供優惠給顧客 A，就會比提供給顧客 B，看來更能幫助縮短購物前的考慮時間。（如表 4.29）

變數	顧客A	顧客B
	事件發生時間	事件發生時間
九折優惠	-14	-2
產品搭售	4	12
節日宣傳	6	5
加碼寄送五份目錄	11	-2
網路獨享優惠	-11	3

- 表4.29：存活分析結果
- 資料來源：《消費者行為：市場分析技術》

■ 提升終身價值｜
預測分析的關鍵變因和思維選擇

促進現有顧客的終身價值，是顧客關係管理中重要的一環，根據每個企業的現有數據量、數據欄位還有技術能力，可分別預測分析、顧客終身價值分析、淨推薦值或存活分析，其目的都是

在提升顧客終身價值。當你擁有現有客戶的生活行為或其他購物行為時，可使用預測分析，了解能促成行動的原因。當你已經準備好計算顧客價值時，顧客終身價值分析就能幫助你從價值的角度，瞄準精準對象，提升價值。當你的會員數據尚未清理乾淨，沒有技術人員，但可對會員進行普查時，淨推薦值會是你可快速上手的方法；若你有一群精明的計算師、技術人員還有邏輯清晰的行銷人員，那存活分析，絕對能非常有幫助。

　　無論哪種方式，目的就在找到能促動顧客立即行動的關鍵變因，千萬不要好高騖遠，也不要故步自封，你並非因為厲害，所以才要開始，而是要開始，才有機會變厲害，你就選一個方式，開始進行實驗吧。

與時俱進的市場推廣

■ 數據科技提升行銷效能

「我最擔心的，是團隊變化的速度趕不上消費者的變化速度。」—漢堡王行銷長 Fernando Machado 於 2019 全球網路峰會

在行銷領域，大數據的應用方式有一些差異。它不僅可以用來深入了解目標用戶，還可以應用在創意發想和媒體投放方面。在沒有大數據的時代，我們在創意發想階段，只能使用有限的數據，通常是不夠精確的小樣本調查或耗時的用戶訪談和問卷調查。當這些研究完成後，即使用戶環境發生了重大變化，我們仍然受限於傳統的創意製作流程，難以即時調整和創建新的內容。

在媒體投放方面，如果沒有大數據的支持，我們會面臨許多問題。這包括有限的人力資源，難以生成足夠的創意素材，難以即時做出明智的決策，以及技術上的不足。這限制了我們在選擇媒體渠道、優化廣告條件和實現個性化廣告方面的能力。因此，

隨著大數據的成本降低、覆蓋範圍擴大和更新頻率增加，不管是在「創意發想」還是「媒體投放」方面，我們都能夠更好地利用數據和技術來實現最佳優化。這也解釋了為什麼越來越多的品牌將重心轉向以數據為基礎的創意活動，這些活動越來越受到重視。在接下來的章節中，我們將分享兩個以數據為基礎的創意案例，展示這些品牌如何利用用戶數據來開拓新的市場。

美卡多｜透過真實街頭風格，重新定義品牌連結 Z 世代

美卡多（Mercado Libre）是 1999 年創立於阿根廷的網上商城，2007 年成為第一個在納斯達克上市拉丁美洲科技公司，2016 年時，其用戶達到 1.74 億人口 [1]，成為全拉丁美洲最大的網上商城。

經營品牌一段時間後，通常都會面臨到品牌老化的議題，美卡多就想跟 Z 世代建立聯繫，讓 Z 世代在購買運動服裝時考慮該平臺，但究竟該怎麼做呢？

美卡多團隊經過用戶的研究，發現街頭風格是 Z 世代的熱門話題，而對在地的 Z 時代而言，身穿愛迪達、Nike 的服裝，不僅僅是為了運動，也是在展現個人的街頭時尚品味，傳統的操作，總是習慣「品牌說了算」的上對下溝通手法，由品牌邀請時尚名人，用品牌和名人的觀點，定義出各地的時尚運動街頭風，鼓勵大家跟隨「由品牌定義」的時尚風格。

不過，經過美卡多團隊的研究發現，Z 世代的年輕人，雖然

---

1 Mercado Libre - Wikipedia

也會關注時尚名人的穿搭，但在日常生活中，他們的品味選擇，會更趨同於在地同儕的穿搭，所以團隊決定捨棄傳統的時尚名人操作手法，反而想透過數據，呈現出每個街道的獨特風格，讓 Z 世代的年輕人，不僅可看看在地同儕的流行穿搭，也可比較居住在不同地區的 Z 世代，是怎麼穿搭，最終有了一美卡多真街頭風（Mercado Libre Real Street Style）的傳播活動。（如圖 4.30）

・圖4.30：美卡多真街頭風主視覺
・資料來源：DossierNet

實際的做法是，美卡多先從每天 300 萬次的購買紀錄中，交叉比對送貨地址和交易項目，找到每個城市中最暢銷的商品，累積一個月的數據後，再從所有的購買商品中，挑選出 47,785 件符合時尚、運動的商品。（如圖 4.31）

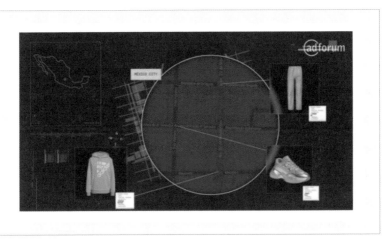

· 圖4.31：以數據比對每筆交易的街道
· 資料來源：adforum

　　該團隊將服裝組合在一起，針對 17 條交易量較高的街道，總計生成了 5,000 種造型。每一套服裝建議的數據基礎，都是從該街道過去 30 天交易數據所得，相當實地反應真實的在地洞察，這 5,000 種街頭風造型的商品展示頁面，都會伴隨著一個邀請用戶在美卡多網站上購買整套造型的呼籲連結。（如圖 4.32）

　　由於美卡多擁有非常具體的數據，不僅可以用此街頭風造型，溝通平常不到該網站購物的 Z 世代消費者，也可拿這 5,000 個造型，影響那些已經在過去幾個月裡，在美卡多網站購買了某件服裝的人。舉例而言，當他一個月前已購買過愛迪達的白色運動褲時，美卡多可從 5,000 種造型中，挑選符合在地街頭風格的多款運動上衣，建議為自己每天的造型，加點新靈感，藉此提高

· 圖4.32：墨西哥市中西葛哈街道的街道風格
· 資料來源：adforum

用戶的消費頻率與終身價值。

通過自媒體、社群媒體和廣告的推廣，在該期間的用戶的增長和互動量都達到了原先的 3 倍以上。Instagram 的追蹤人數增加了 333％，TikTok 的用戶數增加了 612％，整體銷售業績也提高了 29％。

在真街頭風的活動中，美卡多同時實現了兩個目標：第一個是拉近與 Z 世代的關係，透過這個活動，他們創建一個 Z 世代能夠產生共鳴的街頭風系列，因為在某種程度上，每個用戶都為了這個服裝搭配做出了貢獻，會讓用戶更有參與感，進而拉近品牌與 Z 世代的距離。第二個目標則是刺激消費，這個活動為 Z 世代提供舊衣服的新搭配建議，以當地街頭風格，建議他們如何多搭

配一些新品，就能創造新造型的想法，並在購買歷程當中，適時地並引導他們訪問平台購買，增加轉換率。

美卡多的真街頭風活動是一個成功的案例，展示了品牌如何通過數據分析、個性化推薦和社交媒體來吸引和參與 Z 世代。這個案例為其他品牌提供了一個有價值的參考，尤其是那些希望與年輕受眾建立更緊密聯繫的品牌。品牌應該保持創新和靈活，以應對不斷變化的市場環境。

睪丸癌協會｜主動出擊華爾街的蛋蛋

當我們沒有每日 300 萬的交易數據，可用來做行銷時，那該怎麼辦呢？睪丸癌協會運用華爾街的公牛，為我們做了很好的示範。

全世界最有名的牛，應該就是座落於華爾街的公牛，這隻牛，也是難得背面合照數量遠遠超過正面合照數量的雕像之一。這一點，不僅是我們注意到了，睪丸癌協會（Testicular Cancer Society）也注意到了。但，該如何運用這種用戶行為呢？

多數的品牌行銷，是由品牌產出主視覺，透過品牌發展的廣告素材，進攻消費者的眼球。而睪丸癌協會，為了要更主動的出擊，提高大家的病識感，決定要進攻全世界最知名的睪丸。

根據該協會公布的資料顯示，每 250 個男人，就會有一個罹患睪丸癌，該疾病好發於 15 至 35 歲男性，早期治療可有高達 99% 的存活率，但很少人會自我檢查是否有病兆，與此同時，該協會發現，每天都有將近 1,000 個人，會去檢查華爾街公牛的睪丸，並大方地在社群媒體上留下合影紀錄。

為了能將預算極大化的非營利組織，就把主意打在這隻牛的身上，與其將預算拿來做廣告，不如好好利用社群上既有素材，進攻網路上已存在的華爾街公牛合影？於是，該協會就發展出「華爾街蛋蛋」（Wall Street Balls）的傳播活動。（如圖 4.33）

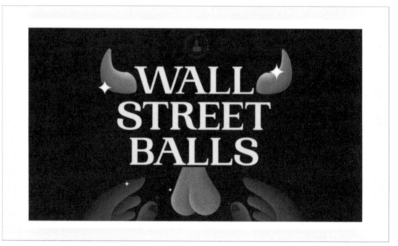

・圖4.33：華爾街蛋蛋主視覺
・資料來源：Little Black Book—LBBOnline

　　活動機制很簡單，該協會透過社群監測系統，監測在臉書、Instagram 還有推特上的公開貼文，透過文字、影像的比對，找到新發布的華爾街公牛合照，無論發文者是男生或女生，只要發文內容符合協會的條件並且適合互動的人，協會帳號就會提醒他：「既然都大老遠到紐約檢查公牛的蛋蛋了，記得要檢查自己的（或提醒他人檢查）喔」。（如圖 4.34）

· 圖4.34：華爾街蛋蛋活動與用戶互動
· 資料來源：Wall Street Balls

　　最終，該活動獲得社群媒體上很大的迴響，此專案的華爾街蛋蛋網站，也詳實紀錄的整個過程，並將用戶產生的內容，發揮到極大的效果。

　　總而言之，「華爾街蛋蛋」傳播活動成功地將品牌議題融入當前社交媒體的對話中，並展示了創新的行銷方法。這個案例告訴我們，在品牌本身並不擁有足夠的用戶數據時，可以充分利用市場上的現有的素材和社交媒體的參與度，以引起目標受眾的關注，同時提高對重要議題的認識。

■ 在新的媒體平台，找到成長機會

　　用戶研究的另一種經典案例，就是使用在媒體佈局，Clubhouse、Discord、Podcast、TikTok，每年都有新媒體竄起，也都有新媒體陣亡，這也造成品牌推廣人士的一大困擾，雖想透過新媒體觸及新用戶，但又不確定新媒體的用戶組成，也不確定品

牌的資源能否支持長期維運。透過既有數據庫研究用戶的媒體使用行為，能快速為你判斷進攻的節奏和適切性。

用戶數據落實於媒體佈局

在 SoWork 一次與 Adhub 合辦的講座中，針對醫療保健產業，提出用戶的媒體使用行為趨勢研究，在此報告中，以數據了解「上個月曾購買維他命／補給品」的人，在媒體使用行為上，有什麼樣的趨勢變化呢？

根據數據庫的推算，在 2021 年第一季到 2022 年第四季的統計數據來看，年齡介於 16 歲到 64 歲的人口數約在 1,620 萬人，而保健消費者（指居住在台灣，上個月曾購買維他命／補給品）的人口數，大約在 420 萬人。從基本輪廓來看，保健消費者的平均年齡稍長，26% 的人是 45 到 54 歲區間，而美妝消費者的年齡分布與一般台灣人相差不多。性別比例與原先預期差異不大，兩群消費者的女性都多於男性。（如圖 4.35）

用戶在哪，我們就追到哪。當品牌要經營社群媒體時，需考量到目標族群的使用行為。當我們比較社群平台的日活躍比例（每天至少使用一次（含）以上）時，發現有穩定 7 成的台灣人，每天都有使用臉書和 YouTube 一次或一次以上，Instagram 則從最高峰的 50%，逐步減少到 4 成。TikTok 在此年齡區間中，則維持在 15%。（如圖 4.36）

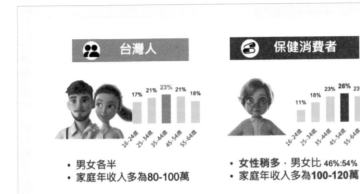

· 圖4.35：兩族群的基本資料
· 資料來源：Globa Web Index

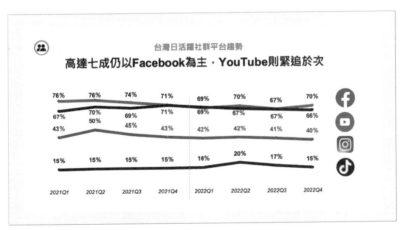

· 圖4.36：台灣人主要社群媒體活躍比例
· 資料來源：Globa Web Index

就保健品牌行銷人員的角度，其目標受眾的 Facebook 日活躍比例，穩定地在 7 成以上，YouTube 雖然偶有超越，但在最新的數據中看到，已經跌落到 70%。Instagram 最高峰有到達 56%，目前則停留在 46% 的日活躍率，略高於一般台灣人。TikTok 則是維持在 2 成左右的日活躍率。（如圖 4.37）

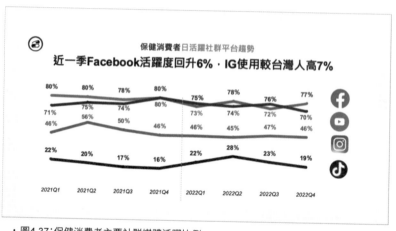

- 圖4.37：保健消費者主要社群媒體活躍比例
- 資料來源：Globa Web Index

對於已經在經營 YouTube 和臉書的保健品牌而言，透過這兩個平台，仍然可以鞏固本來的用戶，但若新興媒體興起時，對保健品牌的社群媒體佈局，會有需要改變的地方嗎？以下，就進一步分析不同平台上的用戶輪廓。

當 SoWork 團隊用年齡區間，看不同社群媒體平台的日活躍情況，可發現 45 到 54 歲的族群，在臉書、YouTube 和 TikTok 都

是用戶佔比最高的一群人，在年齡分布上差別最大的是 Instagram 平台，購買保健食品且日活躍使用 Instagram 的人，有 25.9% 是在 25 到 34 歲的區間，從這個數據來看，當保健品牌想拓展此族群時，在 Instagram 的經營，應主經營此族群，與其他平台做為區隔。

　　從年齡分布來看，臉書內容仍是兼顧全族群，而 YouTube 的影片，則可著重在 45-54 歲關心的議題即可，TikTok 的經營，則可以有兩種選擇，第一種，是將 YouTube 的內容製作成短影音，在 TikTok 上持續經營 45 到 54 歲的族群，另一種，則是可以透過 TikTok 的短影音，補足對 35 到 44 歲族群的經營力道，以期待透過各社群媒體的經營，補足品牌對全族群的涵蓋。（如表 4.38）

年齡	日活躍 Facebook	日活躍 Youtube	日活躍 Instagram	日活躍 Tiktok
16 to 24	9.7%	5.8%	17.9%	10.2%
25 to 34	19.3%	19.5%	25.9%	19.9%
35 to 44	20.7%	19.5%	16.5%	24.5%
45 to 54	26.8%	33.7%	21.6%	30.5%
55 to 64	23.5%	21.5%	18.2%	14.8%

・表4.38：不同社群平台日活躍年齡分佈
・資料來源：Global Web Index

上述資料，我們可透過第三方數據，了解不同用戶的社群媒體使用行為。當我們將視野放大全媒體經營時，也可透過相同數據庫，了解台灣人與保健消費者，在社群媒體、有線電視、線上新聞、網路電視、報章雜誌、遊戲、串流音樂、廣播電台和Podcast的使用率。

用戶數據普及對行銷的應用，已經產生了巨大的轉變。從產品或品牌的差異性分析、既有顧客的研究到行銷手法的與時俱進，各個方面，都可以透過用戶數據，帶來對品牌巨大的成效。

這些案例表明，通過深入了解顧客行為和善用大數據分析，品牌可以發現市場機會並實現增長。用戶數據的應用，幫助品牌更好地理解消費者需求，創造出更貼近他們的產品和服務。同時，用戶數據也可以幫助媒體投放，更精準地觸及目標受眾，提高廣告的效果和回報率。

然而，要實現用戶數據在追求成長的最佳優化，團隊需要跟上消費者變化的速度、大數據的應用需要不斷更新和改進，以適應快速變化的市場環境。同時，需要投資相應的技術和人力資源，以有效地處理和分析大數據，並將其轉化為有價值的洞察和行動。

數據紅利

數據的應用、分析
養成和未來的想像

市場數據，已非大企業專屬的數據財，結合正確思維和適當數據源，各種產業、規模的企業，都能從市場數據中，「選到市場」、「找好對象」和「做對推廣」，讓數據為決策者加速決策速度，實現企業成長的最終目標。

市場數據三應用

■ 選到有成長潛力的市場

撰寫本書的同時，SoWork 團隊也持續為不同產業、不同規模的企業，思考數據運用的可能性，其中包括在地的跨國企業行銷人員、管理多國成效的區域市場總監、想找到成長機會的品牌主。在每年 800 份的客製化報告中，可歸納出市場數據對品牌最有幫助的三種情境：選市場、找對象、做推廣。本書提到的預估市場規模、發展定價策略和從用戶數據找紅利，這都屬於協助品牌選市場的範疇，品牌可如何應用，將說明如下。

當企業想成長時，會牽涉到資源的配置，決定資源配置的依據，就可靠市場數據。無論單一市場的不同分眾、跨市場的同一分眾或是跨市場的不同分眾，彼此的規模預估、定價策略、用戶潛力等，都是市場數據的應用範圍，也是本書聚焦說明的思維與案例。

從策略面來看，決定跨市場的比較指標，是從損（Pain）、

益（Gain）兩大指標分類，再與決策者進一步訂定細部的指標比較，從實操經驗來看，兩大指標的細項，至少包括以下內容：

益點細部指標

益點細部指標，指的是當此指標的數字變大的時候，會讓決策者更傾向於選擇此市場，常用指標包括：

市場規模

想從市場數據中，了解自身產品的市場規模時，要先將自己對標到適合的產品定位，並進行模擬比對。就巧克力而言，有三種巧克力的定位，售價都可高於一般巧克力，分別是高端巧克力（Premium）、原豆精制巧克力（Bean-to-bar）或是原產地直送的巧克力（Tree to bar）等品類。雖然售價都類似，但在產業分析中不同，所要參考的數據來源也不同，這時，就需同時參考三種品類定義下的產業數據，才能判斷商業決策。

市值潛力

相較於市場規模是一個絕對值，市值潛力從過去數年的市場規模變化，深入了解驅動市場成長或導致衰退的原因，重點在確保自己不是跨進逆風市場。舉例，假設高奢按摩椅品牌在評估全球不同市場時，看到印尼的高價按摩椅市場強勁成長時，就會深究背後原因，才能確保有更精準的評估。假設，成長力道來自電商銷售強勁、小型按摩配件的崛起，但品牌本身在當地難以發展電商、短時間也沒打算發展按摩配件，雖然印尼展現出強勁的成長力道，也不一定會適合該品牌投注大資源於印尼。

平均售價

　　同類商品在不同市場會有不同的價格接受度，若相同商品在該市場能賣得更好的價格時，對決策者會是加分。例如：根據 Statista 的寵物食品產業報告指出，台灣人願意花更多錢在購買寵物食品，平均的花費甚至可以是全球平均的兩倍之多，在這個數據支持下，若你要從台灣銷售寵物食品到其它市場時，需考慮降低自己的定價，從終端定價反推自己是否調整產品內容；若你從其它市場要銷售寵物食品到台灣時，你當然可考慮精緻化自己的商品後，提高在台灣的售價。

電商規模

　　當品牌只想透過網路，進攻特定市場時，目標市場國對電商的接受度和市場規模，就成為品牌需關心的議題。SoWork 在分析跨境市場選擇時，曾從 Statista 中看到一個有趣的數字：哪個市場的跨境電商營業額占比最高[1]？在 24 個市場的數據發現，比利時的跨境電商營業額占比可高達 30% 以上，奧地利的跨境電商則占比近 20%，而日本、韓國和中國，跨境電商的占比都在 3% 左右，由此可初步了解，當你想用海外架站直接銷售到當地市場時，比利時與奧地利消費者對跨境電商的接受度較高，相對而言，日本和南韓的消費者，對跨境電商的接受度則明顯低很多。電商規模的分析，還可細緻到研究亞馬遜、Lazada 等平台上，不同商品的總銷售量。當你可掌握不同市場中，電商平台上的對標商品銷售規模時，你就更可好地設定好當地市場的銷售目標。

　　考量到免稅協定、當地接受度和進口流程等，都會影響目標市場進口當地市場的商品總額，當目標市場願意進口越多當地市場的商品，就可給決策者更多信心，進攻該市場。像是當進行糕餅類的跨國分析時，發現南韓在 2019 年進口台灣糕餅類商品的總額，居然高於美國，這一點，也提供給品牌評估南韓時的強心針。

損點細部指標

　　損點是指當數值越大，越會提高品牌進軍新市場的成本，也就使決策者越不傾向選擇該市場。就推廣層面而言，常用的指標包括進口稅率、進口運費、廣告成本。

進口稅率

　　由於兩個市場的所簽訂的貿易協定不同，在進出口不同商品時，會有不同稅率，對於出口國而言，當稅率越高的時候，會減低毛利和價格競爭力，就越不利於後續推廣。舉例而言，同樣是巧克力，用不同形式出口到不同國家時，也會有不同稅率，出口巧克力到加拿大時，可可粉的稅率為 6%，2 公斤以上的巧克力磚則是 5%，巧克力棒是 6%，這會影響品牌會用什麼形式出口商品到目標市場。

---

1 若我們將一個市場的電商營業額，分為直接向海外網站購買的「跨境電商」與在本地網站購買的「本地電商」兩種，跨境電商佔比就是指跨境電商佔全電商銷售總額的比例。

進口運費

運費絕對也是重要考量，商品特性不同，所需要的物流條件也不同，要將商品送抵目標市場，絕對要將不同商品的運送成本納入計算中。特別是美國，就市場調查數據來看，有近三成的美國人，是很在意退貨政策的。當你在考慮進口運費時，需同時考量退貨的運費，對於低單價的商品而言，這會直接影響到獲利關鍵。

廣告成本

一旦市場推進到新市場時，必定要投注廣告預算於關鍵字、展示型廣告或社群媒體廣告，當該市場的廣告成本越高時，就會影響分配廣告預算的決策。曾有客戶在評估美國廣告投放預算時，就發現要以搜尋廣告攔截搜尋競爭者的潛在客戶時，其成本會高於台灣五倍之多，接著，就要進一步衡量，美國客人是否真的可以帶來更多利潤了。

其它常用的損益點細部指標，還包括電商增長的速度、各市場競爭對手數量、競爭商品數量、競爭對手投資預算、經銷商數量、實體通路營業額、實體通路趨勢等眾多因素，會因應不同產業、不同目標市場和品牌發展的不同階段，而有不同的變化。經過以上指標討論，逐漸釐清可進攻的市場時，就要在該市場，找到可信賴、可進攻的對象。

◼ 找到能推進生意的對象

　　無論是在單一市場或是要進軍不同市場，企業推進生意時，總要找到正確的對象，這對象包括三個類型，一是 B2B 模式的找到企業客戶，二是找到可幫忙推廣商品的經銷商，第三則是自己面對終端消費者。接下來將介紹市場數據個別能助力之處。

B2B 找銷售名單

　　過往做銷售開發，需仰賴銷售人員勤奮地從各管道蒐集名單，銷售人員因此必須長期奔波在外，去參加各種同業聚會、商業論壇和休閒娛樂，若是遇到好的銷售，能源源不絕地為公司帶來生意，但若遇到銷售表現不穩定，公司的名單來源，也會變得不穩定。

　　因此，市面就有許多的商業銷售數據庫，從公開資料或各種合法方式，蒐集各企業各階層的負責人員名單，為企業開發客戶時，找到正確的對應窗口，避免開發客戶造成的資源浪費。就一個位於台灣，專做會員軟體的客戶來舉例，他們前進美國時，很確定自己想主攻的產業類別為健身房與連鎖超市，但礙於現階段的人力有限，很難快速開發到不同的名單。透過分析團隊將客戶過往蒐集到的名片，與數據庫的資料相比對後，就在一個月內，提供客戶 1,400 筆初步符合的名單，讓客戶的銷售部門進行後續聯繫。

經銷商調查

　　無論是在單一市場或想進軍新市場，客戶礙於本身資源，初期會想委託經銷商販售其商品，讓企業不用自己承擔所有物流、倉儲和新產品推廣的風險，此時，就可透過數據庫，整理可合作的經銷商名單。

　　在麥克筆的案例中，SoWork 透過大數據庫，以四週的時間，掌握業界標竿麥克筆品牌 - COPIC 的經銷網路分布、經銷商名單與其經銷商背景。經過研究，發現經銷網路分布於歐洲最多，但就單一市場而言，則是美國的經銷商最具規模，而其具備正式經銷合約的經銷商至少有四個。其它美術用品的通路，雖然有販售其商品，但應該是沒有正式經銷關係。於是，分析團隊進一步調查該四家經銷商的背景、網站流量和所擁有的資源，並提供給客戶進行後續美國的經銷商洽談。

終端用戶研究

　　對於許多品牌而言，仍是希望透過行銷操盤，為自己完成一個品牌夢，更多的也是想自己親身嘗試一條龍的操盤，深刻感受品牌之路。如第一章所提到，所有行銷企劃都始於用戶研究，原先在單一市場販售商品給長輩的品牌，想要品牌年輕化，將商品賣給年輕人，這時候，需要用戶研究。原先在日本販售商品給年輕人的品牌，想要到美國賣給同一年齡層的使用者，也需要用戶研究。

　　而在此處的終端用戶研究，更多的是為了行銷推廣採用的用

戶研究。在此目的下，需了解用戶的基本資料、媒體接觸點、內容偏好和產業行為。透過基本資料，能讓你對該用戶有初步認識，透過媒體接觸點，可了解投放管道的調整，透過內容偏好，可進行在地化內容的調整，透過產業行為，也了解當地競爭者是誰。在大數據的助力下，可以在四週之內，了解德國珍珠奶茶飲用者的用戶輪廓，也可在八週內，了解七個市場付費手遊玩家的用戶輪廓。

透過傳統的用戶研究，或許需要六個月到一年的時間，才能完成德國珍奶或七國手機玩家的研究，但用戶是否在這段時間持續不變呢？會不會待品牌完整研究、落實推廣計畫後，還持續不變呢？以大數據掌握市場的好處，就是能快速掌握市場脈動，加快品牌反應速度。

◢ 科學做推廣

當選定市場、找到對象後，接下來就該將企劃落實於實踐，市場數據在此階段，有三部分可助益品牌持續優化、持續成長。

科學品牌定位

發展品牌定位，一向都會被視為黑魔法，某個品牌企劃師經過大腦的化學催化加上部分數據，就可以為此品牌指點迷津，訴說未來的定位方向。實際上，現在已經有更科學化的方式，幫助你發展獨特性的品牌定位。

經過用戶調研後，可從數據中了解用戶想要的需求。經過競爭者研究後，你會了解競爭者已經滿足用戶哪些需求。經過以上的比對，將可知道用戶有哪些未被滿足的需求，再經由內部評比討論後，就可發展出品牌獨特性的定位。

過往要進行單一市場的品牌定位，或許都需要三個月的時間，才能完成前期研究。進行跨國市場的品牌定位，可能要高達六個月到一年的時間。有了大數據後，單一市場的品牌定位，只需要八週就能完成所有數據搜集和企劃，而跨國市場的品牌定位，甚至也只需要十到十二週的時間，就可以搜集高達十個國家的用戶洞察和競爭者研究。你不得不說，有市場大數據，真的很好用。

策略落地自動化

過往的世代，要能寫出符合不同年齡層的文章，要靠天賦和文采。現在，可以靠數據和對話式的人工智慧。對話式人工智慧，加入數據為基礎的訓練，能為你所用。先想像一個場景，當過往銷售給年輕女性的保健食品，現在想賣給年輕男性，該怎麼執行？

輸入用戶輪廓

透過市場數據，可先將年輕保健男性族的用戶輪廓，提供給對話式人工智慧的對話串，讓他能理解用戶的輪廓。

輸入同溫層高低互動貼文

再透過口碑監測系統，將該族群的高互動貼文與低互動貼文

提供給機器人，請它判斷彼此的差異。

教育產品特色

最後，你提供自身產品特色給機器人，讓它了解你的語調、差異性和產品基本功能，在對你有基礎的認識後，就可請他根據以上數據，產出你所需要的內容。

以數據優化執行

曾經的優化，只能自己比自己，自己與自己上週相比，自己與自己去年同期比，有了市場數據後，更可以競爭者的同期表現，做為自己這次的好壞標準。例如，當冷凍食品的銷售比上個月衰退 10% 的時候，在沒有市場數據的情況下，也許需要考量該如何提高銷售量，倘若市場數據告訴你，同品類的競爭者業績都下滑 20%，只有你們品牌僅下滑 10%，這時，反而應該慶幸。然而，若是大家都提升 30%，你卻衰退 10%，那你就真的要好好檢討了。

現在品牌在推廣成長時，會關注的指標，通常包括市場銷售比較、口碑行銷成效、異界結合成效評比、網紅選擇與成效分析、年度健檢報告與行銷成效總結等等，透過第三方的市場數據，可讓決策判斷時，更有參考依據，避免錯怪人，也避免錯誇人。

數據分析三關鍵

■ 多重數據驗證

在市場數據取得成本降低的同時，如何判斷適當的數據來源，以及如何能從數據中提供行動的指引，變成相對重要的能力，對此，我有幾個建議分享。

在一年中看過的 200 份產業報告中，幾乎每個產業報告都告訴你，該產業是會逐年成長的，很少有產業報告，會跟你說該產業正處於衰退的時代，但這很不符合我們的生活經驗。我驗證的方式，是從不同的數據來源，同時驗證一個趨勢。例如，當你在看日本的保健產業的未來趨勢時，同時看亞洲人、歐洲人和美洲人撰寫的日本保健產業食品報告，因為身處於不同環境中，分析和預測的角度不同，透過閱讀三個主要市場分析師的分析角度，可融合出更符合未來趨勢的觀點。

另外，當從產業報告看到對該產業的預測後，也可透過市調數據庫，從人口統計的角度，檢驗用戶人口數是否有等幅度的提

升，也可再透過電商、發票數據庫，微觀地比對過去數據與未來趨勢，可讓你對趨勢的判斷，更為精準。

■ 懂用多元數據庫加快分析速度

市面上的市場數據庫已經太多了，單一的數據庫是無法解決所有商業的疑問，分析師要學會的，就是先擺脫客製化分析的習慣，懂得熟用數據已經整理好的既有市場數據庫，加快分析角度。

在學習過程中，必先理解不同數據庫的研究方法，在某種程度上，確認是你可以信賴的研究方法，接著，就要為自己標註好不同數據庫的適用場景。例如，市調數據庫很適合在研究不同用戶的價值觀、發票數據庫很適合用於定價策略、口碑數據庫可檢驗內容行銷成效、流量數據庫可看出行銷佈局、而關鍵字數據庫則可發展搜尋策略。

做好這些準備後，在面對不同問題時，就可快速選用適合的數據庫，加快數據搜集、洞察分析和行動建議的流程，讓數據真的能為決策所用。

■ 專職分析、專職建議

與許多數據提供者和分析師溝通過，你會發現最大的痛點，在於多數分析師只能忠實地呈現數據事實，而無法提供行動建議。主要原因有二，一是分析師的工作經歷中，很少是真的具備

實戰經驗,所以並無法判斷這數據對於操作者的行動,能有何具體的影響。二是分析師經歷搜集數據、分析數據後,已經耗盡心力,無力再提供行動建議,所以我在建構團隊時,才會將原有分析師的工作,切分為分析師、企劃和專案管理等三份工作,分析師專心於抓取數據和整理數據,企劃要根據所拿到的數據提供行動建議,專案管理則要負責每個人都有獲取應得的資源。

我在 2021 年到洛杉磯參加電商日的活動時,隔壁講者被台下觀眾問到:「請問,公司該如何精進數據分析的能力呢?」講者就回答一句:「先請一個專職的數據分析師吧!」這個回答,很簡短,也很到位。

　　未來在ChatGPT的應用基礎上，傳統人力密集的分析工作，將會大量地獲得舒緩，過往摘要一份財務報告的時間，已經從人力摘要的2個小時，縮短為較不精準而快速的2分鐘。未來市場分析所需考慮的，絕對不是要獲取最精準的數據，而是要獲取足夠精準且快速的分析建議。數據已是基本功，能運用科技加快分析數據，並提供企業決策的直覺建議，才會是真正能讓市場數據為決策所用的關鍵。

　　現在的分析，靠著人工的加值，提供專家級的產業洞察和行動建議；未來的分析，靠著人工智慧的加值，將有機會實現入門級的產業洞察和行動建議。對於大企業而言，公司有專職人員分析市場數據，提供給企業內部決策者即時的分析，已經是行之有年的流程了。對於中型企業或是尚不熟悉數據應用的中大型企業來講，也勢必要開始懂得衡量引入數據分析的速度和流程，甚至先不要求有專家級的洞察，只要求有入門級的建議即可。

　　期待這本書對於找市場的思維、數據與案例，能協助每個決策者釐清未來方向，能將資源投注在真有機會成長的市場。

數據紅利

筆　記
Note

數據紅利

看77個品牌，如何在巨變下找到藍海

作者CJ王俊人 美術設計暨封面設計RabbitsDesign
行銷企劃經理呂妙君 行銷企劃主任許立心

總編輯林開富 社長李淑霞 PCH生活旅遊事業總經理
李淑霞 發行人何飛鵬 出版公司墨刻出版股份有限公
司 地址台北市昆陽街16號7樓 電話886-2-25007008 傳
真886-2-25007796 EMAILmook_service@cph.com.
tw 網址www.mook.com.tw 發行公司英屬蓋曼群島商
家庭傳媒股份有限公司城邦分公司 城邦讀書花園www.
cite.com.tw 劃撥19863813 戶名書蟲股份有限公司 香
港發行所城邦（香港）出版集團有限公司 地址香港九
龍土瓜灣道86號順聯工業大廈6樓A室 電話852-2508-
6231 傳真852-2578-9337 經銷商聯合股份有限公司
（電話：886-2-29178022）金世盟實業股份有限公司
製版印刷漾格科技股份有限公司 城邦書號KG4027 ISB
N9789862899939‧9789862899946(EPUB) 定價450
元 出版日期2024年4月初版
版權所有 翻印必究

國家圖書館出版品預行編目(CIP)資料

數據紅利：看77個品牌，如何在巨變下找到藍海/王俊人
(CJ Wang)著. -- 初版. -- 臺北市：墨刻出版股份有限公
司出版：英屬蓋曼群島商家庭傳媒股份有限公司城邦分
公司發行, 2024.04
　面；　公分
ISBN 978-986-289-993-9(平裝)
1.CST: 商業分析 2.CST: 行銷管理 3.CST: 大數據

494　　　　　　　　　　　　　　　113002237